wbk Forschungsberichte
aus dem Institut für Werkzeugmaschinen
und Betriebstechnik
der Universität Karlsruhe

Herausgeber: o. Prof. Dr.-Ing. H. Victor

4

Andreas Brandstätter

Ein Adaptive - Control - Optimization - System für das Fräsen

Mit 59 Abbildungen

Springer-Verlag
Berlin Heidelberg New York 1981

Dr.-Ing. Andreas Brandstätter

Institut für Werkzeugmaschinen und Betriebstechnik
Universität Karlsruhe

Dr.-Ing. Hans R. Victor †

o. Professor am Institut für Werkzeugmaschinen und Betriebstechnik
Universität Karlsruhe

ISBN-13 : 978-3-540-10948-8   e-ISBN-13 : 978-3-642-81684-0
DOI : 10.1007 / 978-3-642-81684-0

GELEITWORT DES HERAUSGEBERS

Vielfach wird beklagt, daß der Transfer der Ergebnisse von Forschungsarbeiten der Universitäten zum industriellen Anwender nur mit Zeitverzögerung oder in nicht ausreichendem Maße erfolge. In den Fällen, wo das wirklich zutrifft, wäre diese Problematik besonders dann zu bedauern, wenn die durchgeführten Forschungsarbeiten praxisrelevante Themen behandelt haben, die unmittelbar oder nach Anpassung Teil des für den wirtschaftlichen Erfolg der Industrie so wichtigen 'know how' werden könnten.

Um den Wissenstransfer Universität – Industrie wenigstens in einem kleinen Bereich zu verbessern, wird die Buchreihe

"wbk–Forschungsberichte"

gesicherte Ergebnisse praxisnaher Forschungsarbeiten des

Instituts für Werkzeugmaschinen
und Betriebstechnik
der Universität Karlsruhe,

kurz "wbk" genannt, in geschlossener Darstellung veröffentlichen. Die Bände dieser Reihe, die in unregelmäßiger Folge erscheinen, sollen dazu beitragen, die zeitliche und sachliche Lücke zwischen dem Abschluß einer Forschungsarbeit und der möglichen Adaption durch die Industrie zu verkürzen.

Thematisch umfassen die Veröffentlichungen Arbeiten aus dem Gebiet der Fertigungstechnik, des Werkzeugmaschinenbaus und der Steuerungstechnik. Sie wenden sich sowohl an das Führungspersonal im Betrieb als auch an in Forschung und Entwicklung Tätige. Beiden genannten Personenkreisen sollen sie neue Erkenntnisse und Ergebnisse aus der Forschung vermitteln, die für die eigenen konstruktiven und fertigungstechnischen Aufgaben von besonderer Bedeutung sein könnten.

Naturgemäß kann eine derartige Dokumentation, die ja an einen gewissen Umfang gebunden ist, nicht in jedem Fall und für jede Anwendung alle Fragen schlüssig beantworten. Ergänzend hierzu bietet sich dann aber der persönliche Kontakt des Interessenten mit dem wbk an, zu dem die Autoren gern bereit sind.

Daß die wbk–Forschungsergebnisse durch die jetzt über den Buchhandel erhältlichen "wbk–Forschungsberichte" noch größere Verbreitung als bisher erhalten, wünschen alle Mitarbeiter und der Herausgeber dieser Reihe.

Hans R. Victor

VORWORT

Die vorliegende Arbeit entstand während meiner Tätig-
keit als wissenschaftlicher Assistent am Lehrstuhl und
Institut für Werkzeugmaschinen und Betriebstechnik der
Universität Karlsruhe.

Herrn Professor Dr.-Ing. H. Victor, dem inzwischen ver-
storbenen Leiter des Instituts, gilt mein Dank an erster
Stelle. Seine großzügige Unterstützung ermöglichte mir
die Durchführung der Untersuchungen, deren Fortgang er
mit stetem Interesse verfolgte.

Herrn Professor Dr.-Ing. W. König, dem Leiter des Lehr-
stuhls für Technologie der Fertigungsverfahren am
Laboratorium für Werkzeugmaschinen und Betriebslehre
der RWTH Aachen, danke ich für die eingehende Durch-
sicht der Arbeit und die Übernahme des Hauptreferates
nach dem Tode von Professor Victor.

Für die Korreferate und Hinweise zur Darstellung der
Arbeitsergebnisse möchte ich mich bei Professor Dr.-Ing.
U. Rembold, vom Institut für Informatik III (Planungs-
und Programmiertechniken für Prozeßrechner) und Professor
Dr.-Ing. H. Grabowski, dem Leiter des Instituts für
Rechneranwendung in Planung und Konstruktion, bedanken.

Mein Dank gilt auch allen Mitarbeitern des Instituts
und den Studenten, die mir bei der Durchführung der Arbeit halfen und besonders den Kollegen, die mir in zahl-
reichen Diskussionen wertvolle Hinweise gaben.

Karlsruhe, im Mai 1981   Andreas Brandstätter

INHALTSVERZEICHNIS

Formelzeichen und Abkürzungen

a	mm	Schnittiefe
A	μm	Abstandsignal
$\overline{A}$	μm	Zeitmittel des Abstandsignals
$\hat{A}$	μm	Relatives Minimum im Zeitmittel des Abstandsignals
a_r		Achsenabschnitt der Regressionsgeraden
b	mm	Spanungsbreite
$\hat{b}_i$		Koeffizienten des Trendapproximationspolynoms
b_r		Steigung der Regressionsgeraden
C	F	Kapazität
d	μm	Abstand
D	mm	Fräserdurchmesser
e	mm	Eingriffsbreite / Fräsbreite
f	Hz	Frequenz
f_i		Bewertungsfaktor i - ter Ordnung zur rekursiven Berechnung der Trenderwartungswerte
F	mm	Fläche
F_s	N	Hauptschnittkraft
g_w		Gewichtsfaktor des Werkzeugverschleißes in der Kostengleichung
h	mm	Spanungsdicke
$\hat{h}_i$		Trenderwartungswert i - ter Ordnung
I	A	Elektrischer Strom
$\hat{I}$	A	Amplitude eines sinusförmigen elektrischen Stromes
k_l	DM / m	Auf die Längeneinheit bezogene Kosten
k_t	DM / h	Auf die Zeiteinheit bezogene Kosten
k_v	DM / mm^3	Auf die Volumeneinheit bezogene Kosten
k_w	DM / μm	Auf die Verschleißmeßeinheit bezogene Kosten
k^*	%	Kostenindex $\quad k^* = k_l/k_{l0}$ 100%
		k_{l0} Auf die Längeneinheit bezogene Kosten beim ersten Suchschritt
K	DM	Bearbeitungskosten
K_N	DM	Werkzeugkosten
K_s	DM	Bearbeitungskosten je Werkstück
K_t	DM	Zeitabhängige Kosten
K_w	DM	Kosten bei Werkzeugwechsel
$k_{s\,1.1}$	N / mm	Hauptwert der spezifischen Hauptschnittkraft
l	μm	Länge
M_d	Nm	Von der Hauptspindel aufgebrachtes Drehmoment
n	U / min	Drehzahl
N		Auf T_0 normierte Länge des Einflußbereiches der Trendapproximation
P	kW	Von der Hauptspindel aufgebrachte Leistung

s		Standartabweichung , Vorschub pro Fräserumdrehung
s_{b_r}		Standartabweichung des Regressionskoeffizienten
s_r		Standartabweichung der Meßwerte von der Regressionsgeraden
s_z	mm	Vorschub pro Zahn
$\hat{SKV}$	μm	Schneidkantenversatz
$\dot{SKV}$	μm	Schätzwert des Schneidkantenversatzes
$\dot{SKV}$	μm / min	Scheidkantenversatzgeschwindigkeit
$\hat{\dot{SKV}}$	μm / min	Schätzwert der Schneidkantenversatzgeschwindigkeit
t	s	Zeitvariable
t_w	min	Werkzeugwechselzeit
T_0, T_{abtast}	s	Abtastperiode
T_s	min	Bearbeitungszeit pro Werkstück
T_l	min	Standzeit (Werkzeuglebensdauer)
u	mm / min	Vorschubgeschwindigkeit
U	V	Elektrische Spannung
U	V	Amplitude einer sinusförmigen elektrischen Spannung
v	m / s	Schnittgeschwindigkeit
V	mm^3	Volumen
V_s	mm^3	Zu zerspanendes Volumen pro Werkstück
V	mm^3 / min	Volumenabtragsgeschwindigkeit
VB	μm	Verschleißmarkenbreite
W	μm	Verschleiß allgemein
$\dot{W}$	μm / min	Verschleißgeschwindigkeit
$\hat{W}$	μm	Schätzwert des Verschleißes
α	0	Freiwinkel
α		Glättungsfaktor
γ	0	Spanwinkel
ϑ	°C	Temperatur der Wendeschneidplattenauflage
ϵ	0	Eckenwinkel
ϵ_0	F / m	Absolute Dielektrizitätskonstante
ϵ_r		Relative Dielektrizitätskonstante
κ	0	Einstellwinkel
λ	0	Neigungswinkel
φ	0	Eingriffswinkel
σ^2		Varianz
ω	1 / s	Kreisfrequenz

Indizes

alt	Schätzwert der vergangenen Abtastperiode
H	Hauptschneide
HF	Hauptschneidenfase
NF	Nebenschneidenfase
neu	Schätzwert der laufenden Abtastperiode
max	Maximalwert
min	Minimalwert

Abkürzungen

A / D	Analog zu Digital (Wandler)
CNC	Computerized - Numerical - Control
LED	Light - Emitting - Diode (Leuchtdiode)
MPST	Modulares - Mehrprozessor - Steuerungssystem
NRZ	Non - Returned -to- Zero (PCM - Code)
PCM	Puls - Code - Modulation
RAM	Random - Access - Memory (Speicher mit wahlfreiem Zugriff)
ROM	Read - Only - Memory (Festwertspeicher)
TTL	Transistor - Transistor - Logik

1. EINLEITUNG

Forschungsarbeiten auf dem Gebiet der spanenden Fertigungsverfahren haben vielfach das Anliegen, optimale technologische Einstellwerte im Sinne einer wirtschaftlichen Werk-
stückbearbeitung zu gewinnen. Verbesserte Steuerungsmöglichkeiten des Bearbeitungsprozesses durch NC-Steuerungen
(CNC, DNC) und fallende Preise für Steuerungseinrichtungen
lenken die Aufmerksamkeit in neuerer Zeit auf adaptive
Optimierverfahren, welche sich durch Messung von Kenngrößen automatisch über den Prozeßverlauf informieren, und
daraus auf die aktuellen Bearbeitungsverhältnisse abge-
stimmte Entscheidungen für die Wahl optimaler Einstellwerte ableiten. Im Gegensatz zu Verfahren, die im voraus
aus Kennwerten über Werkstück-, Werkzeug- und Maschinen-
eigenschaften derartige Entscheidungen treffen wollen
(externe Verfahrensoptimierung), kommen adaptive Verfahren
den in der Praxis häufig vorliegenden Bearbeitungsfällen
entgegen, wo Kennwerte nicht oder nur ungenau bekannt,
schwierig oder nur mit großem Aufwand zu ermitteln oder
starken Schwankungen unterworfen sind [1.1], die auch
während der Bearbeitung eines Werkstücks auftreten können.
Die Anwendung adaptiver Optimierverfahren verlangt den
Ausbau des Steuerungssystems Werkzeugmaschine - Fertigungs-
prozeß zu einem Regelungssystem, das in Anlehnung an [1.2]
Adaptive-Control-Optimization-System oder kurz ACO-System
genannt wird (Bild 1-1).

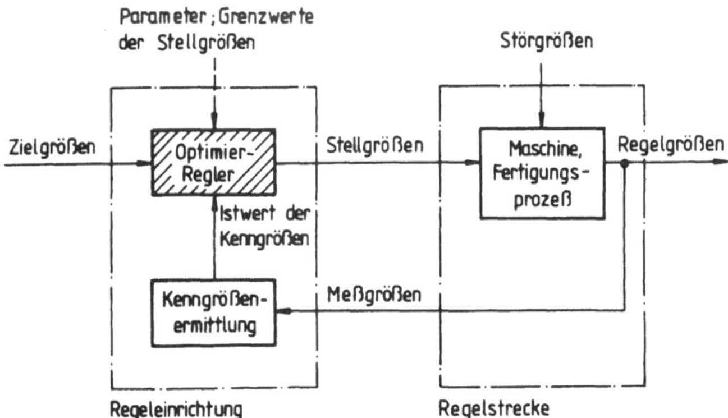

Bild 1-1 Signalflußplan eines ACO-Systems

Unbekannte oder stark schwankende Einflüsse auf die Ausgangsgrößen der Regelstrecke werden durch die Rückkopplungsstruktur des Systems berücksichtigt, indem die Stellgrößen zum Erreichen des Optimierzieles automatisch nachgeführt werden.

In der vorliegenden Arbeit soll ein ACO-System für das Fräsen entwickelt werden mit dem Ziel, Bearbeitungskosten oder Bearbeitungszeit zu senken. Wesentlicher Gesichtspunkt beim Beurteilen dieser wirtschaftlichen Größen ist der auftretende Werkzeugverschleiß, der einerseits (Werkzeug-) Kosten verursacht und andererseits die Bearbeitungsgeschwindigkeit durch auftretende Stillstandszeiten zum Werkzeugwechsel hemmt. Da mit einer Erhöhung der Bearbeitungsgeschwindigkeit aller Erfahrung nach ein beschleunigtes Verschleißwachstum einhergeht, ist es Aufgabe der Regeleinrichtung (ACO-Regler) die Stellgrößen so zu beeinflussen, daß ein für die Kosten oder die Bearbeitungszeit günstiger Kompromiß dieser Prozeßkenngrößen gefunden wird. Wo die gesuchten Minima im Raum der Stellgrößen liegen, hängt von den Wirkmechanismen zwischen Stell- und Kenngrößen und der Lage und Form von Stellgrößenbeschränkungen ab, welche die Belastbarkeit von Maschine, Werkzeug und Werkstück beschreiben und den Lösungsbereich der Optimierungsaufgabe im Raum der Stellgrößen festlegen. Durch die Einwirkung der Störgrößen werden sowohl die Prozeßreaktionen auf Änderungen der Stellgrößen, als auch die Lage des Lösungsbereiches verändert, so daß Werkzeugverschleiß, Bearbeitungsgeschwindigkeit und Belastungskenngrößen durch Messung beobachtet, Zusammenhänge mit den Stellgrößen erkannt (Identifikation) und daraus Entscheidungen für eine kosten- oder zeitgünstige Korrektur der Stellgrößen abgeleitet werden müssen (Entscheidungsprozess u. Modifikation). Welche Verfahren für die Realisierung dieser sogenannten ACO-Strategie [1.2] in Frage kommen, hängt von der Kenntnis der Eigenschaften des zu optimierenden Prozesses ab und hier insbesondere davon, ob und

wie genau man die Einwirkungen von Stör- und Stellgrößen
auf die Prozeßkenngrößen und die Zielfunktion beschreiben
kann. Je nach Beschreibungsmöglichkeiten und meßtechnischen
Möglichkeiten -die erst aus einer experimentellen oder
theoretischen Analyse des Prozesses gewonnen werden können-
tendiert die Strategie (siehe auch [1.3]) in Richtung einer
Vorwärts-Optimierung anhand eines Prozeßmodells (Bild 1-2)
(parameteradaptiv) oder bei ungeklärtem und verwickeltem
Prozeßverhalten mehr in Richtung Rückwärts-Optimierung
direkt am Prozeß (Bild 1-3).

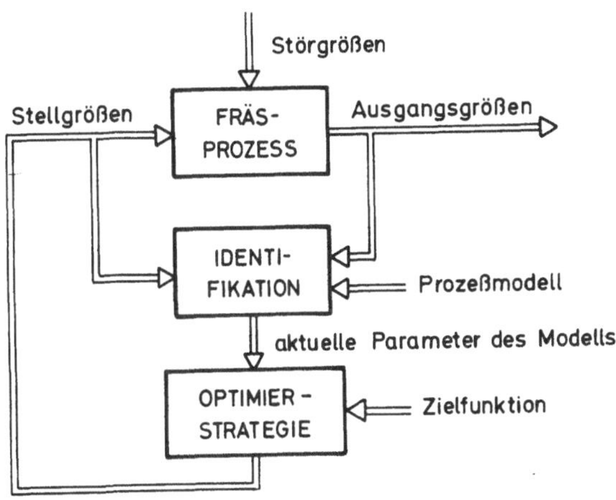

Bild 1-2 ACO mit parameteradaptivem Modell

Die Ausgangssituation für den Entwurf eines wirkungsvollen,
d.h. schnellen und genauen ACO-Systems ist um so günstiger,
je genauer man den Prozeß kennt. Aus diesem Grund wird
in bestehenden ACO-Systemen für spanende Fertigungspro-
zesse meistens eine Optimierung mittels Prozeßmodell
angestrebt. Große Schwierigkeiten und großer Aufwand
beim Erstellen eines Prozeßmodells einerseits und die
Tatsache, daß Modellfehler sich direkt auf die Genauigkeit
des Systems auswirken andererseits, lassen aber in

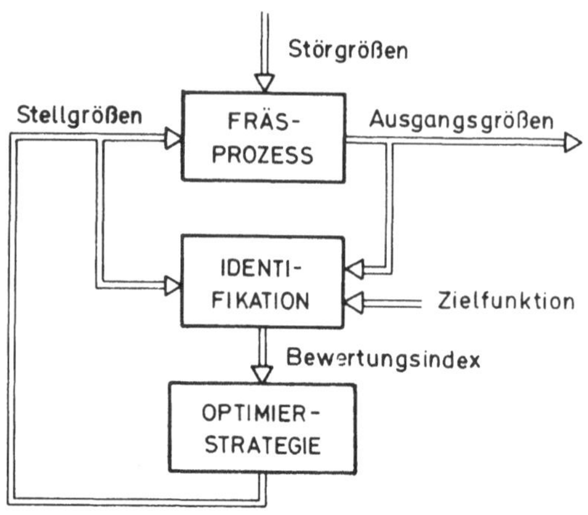

Bild 1-3   ACO durch Optimierung direkt am Prozeß

bestimmten Fällen auch suchalgorithmische Optimierverfahren vorteilhaft erscheinen, besonders dann, wenn
"langsame" Prozesse vorliegen und bei Verwendung digitaler Regler in Form von Prozeßrechnern zwischen den
Meßzeitpunkten auch umfangreichere Programme ablaufen
können.

2. STAND DER KENNTNISSE

Unter dem Titel "A milestone in adaptive Control" [2.1]
erschien bereits 1964 ein Aufsatz von R.M. Centner und
J.M. Idelsohn, in dem sie über die Entwicklung eines adaptiven Reglers für das Profilfräsen und die damit erziel-
baren Erfolge berichteten. Bei dem an den Bendix Research
Laboratories erstellten Prototyp handelte es sich um das
erste bekannt gewordene technologische ACO-System für die
Zerspanung im Sinne der heutigen Definition (s. [1.1]).
Bild 2-1 zeigt den Aufbau des Systems.

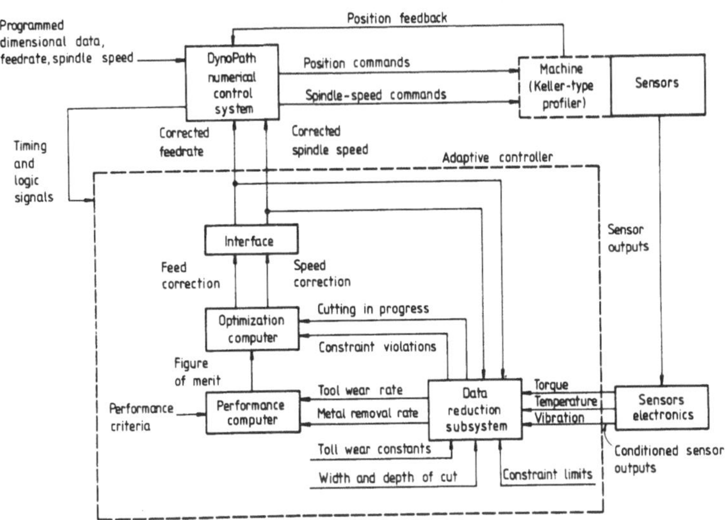

Bild 2-1   ACO-System für das Profilfräsen von
           Centner und Idelsohn [2.1]

Eine numerisch gesteuerte Fräsmaschine wurde mit Sensoren
und einem adaptiven Regler ausgerüstet, so daß neben den
Lageregelkreisen ein weiterer Regelkreis entstand, der auch
den Zerspanungsprozeß in die Regelvorgänge mit einbezieht.
Die Meßgrößen, mittlere Schneidentemperatur, Spindeldrehmoment und Vibration des Spindelgehäuses, sowie die Stell-

größen Vorschub- und Schnittgeschwindigkeit werden im
"Data-Reduction-Subsystem" zu den Prozeßkenngrößen Verschleißgeschwindigkeit und Volumenabtragsgeschwindigkeit
verarbeitet. Gleichzeitig werden in dieser Einheit aus
den gleichen Eingangsgrößen binäre Signale erzeugt, die
das Überschreiten vorgegebener Toleranzen für die Werk-
stückabmessungen und Oberflächenrauhigkeit anzeigen
sollen. Unter Beachtung der Grenzgrößen maximiert der
"Optimization Computer" eine aus den Prozeßkenngrößen
gebildete Güteziffer durch Korrektur von Vorschub und
Schnittgeschwindigkeit nach der Gradienten- bzw. Trial &
Error-Methode. Charakteristisch für dieses ACO-System
ist die indirekte Verschleißmessung und die Optimierung
direkt am Prozeß durch Beeinflussung von Vorschub- und
Schnittgeschwindigkeit. Über die Ermittlung des Werkzeugverschleißes wurden allerdings auch in den ausführlichen
Literaturstellen [2.2 u. 2.3] nur insofern Angaben gemacht, daß die Wahl der Meßgrößen und ihre mathematische
Verknüpfung vom speziellen Anwendungsfall abhängig sei
und daß im Prototyp die Verschleißgeschwindigkeit aus
der mittleren Zerspanungstemperatur, der Spindelleistung
und den Amplituden von Schwingungen bestimmter Frequenz
berechnet wird. Unklar bleibt weiterhin das Vorgehen
beim Erreichen von Stellbereichsgrenzen in der Vorschub
pro Zahn - Schnittgeschwindigkeitsebene und die Behandlung
von Störungen bei der Verschleißmessung innerhalb des
Systems. Neuere Veröffentlichungen [2.4, 2.5, 2.6] über
dieses Optimiersystem geben eine weitere Verschleißformel
an, die auch die zeitliche Änderung des Spindeldrehmomentes
in die Berechnung der Verschleißgeschwindigkeit einbezieht,
es wird jedoch darauf hingewiesen, daß der große experi-
mentelle Aufwand zur quantitativen Bestimmung der Zusammenhänge zwischen Werkzeugverschleiß und Meßgrößen und die
verbleibenden zum Teil erheblichen Abweichungen zwischen
den so ermittelten Meßwerten und optisch gemessenen, den
Einsatz des Systems bislang verhindert haben.
In der Folgezeit nach dieser Erstentwicklung konzentrierten

sich die Anstrengungen, technologische ACO-Systeme in der
Zerspanung mit definierter Schneidengeometrie einzusetzen,
auf das Verfahren Drehen [2.7 ÷ 2.13].
Hier kamen parameteradaptive Optimierverfahren am Prozeßmodell zur Anwendung, die auf dem erweiterten Taylor'schen
Ansatz für die Verschleißentwicklung beruhen. Die Systeme
unterscheiden sich in den Methoden der Verschleißmessung
und der Parameterermittlung, was unterschiedlichen Zeit-
aufwand für die Durchführung einer Optimierung zur Folge
hat. Die verbesserten und neuentwickelten Sensoren erbrachten beim Drehen eine gute Übereinstimmung der Meßwerte mit
dem tatsächlichen Werkzeugverschleiß und ermöglichten zusammen mit der ACO-Strategie eine nachweisbare Verringerung
der Bearbeitungskosten [2.10].
Sensortechnik und ACO-Strategie läßt sich aber offenbar
wegen des völlig anderen Verschleißverhaltens und anderer
Gegebenheiten bei der Verschleißmessung nicht vom Drehen
auf das Fräsen übertragen [2.14].
Das an gleicher Stelle beschriebene kombinierte ACC-ACO-
System -es war eine Gemeinschaftsentwicklung von vier
Hochschulinstituten im Rahmen des 2. DV-Programms der
Bundesrepublik Deutschland- stellt den zweiten Anlauf dar,
eine Optimierregelung beim Fräsen unter Einbeziehung der
Meßgröße "Werkzeugverschleiß" zu verwirklichen. Unter der
Annahme, daß der optimale Arbeitspunkt in der Vorschub-
Schnittgeschwindigkeit-Ebene am Rand des Lösungsbereiches
zu finden ist, der durch die maximal zulässige Spindel-
leistung und das maximal zulässige Spindeldrehmoment gegeben
ist, entstand der kombinierte Regler nach Bild 2-2.

Das Ziel minimale Fertigungskosten soll durch Verstellung der
Schnittgeschwindigkeit nach einer Suchstrategie (Trial &
Error-Methode) erreicht werden, die im äußeren Regelkreis
enthalten ist. Durch die Wirkung des inneren Regelkreises,
der die Stellgröße Vorschub pro Zahn beeinflußt, um die
Leistungs- bzw. Drehmomentgrenzen einzuhalten, werden nur
Stellgrößenkombinationen (s_z, v) am Rand des Lösungsbe-

reiches zugelassen und damit der Rand nach kostengün-
stigen Arbeitspunkten abgesucht.

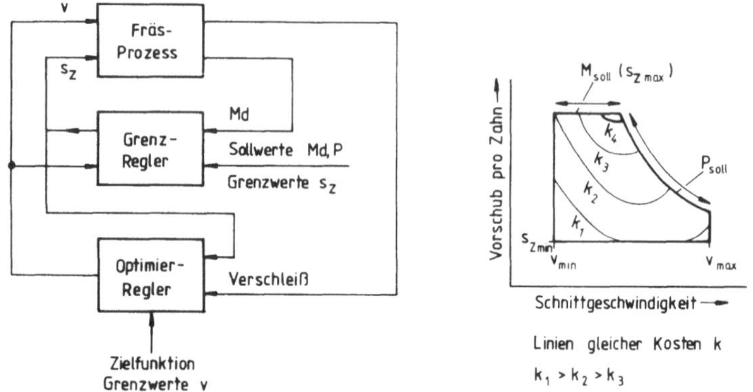

Bild 2-2   Kombinierter ACC-ACO-Regler

Die zur Kostenbeurteilung erforderlichen Verschleißmeßwerte wurden auf direktem Wege durch pneumatische Längen-
messung erfaßt. Meßunsicherheiten und Störungen bei der
Verschleißmessung konnten jedoch nicht soweit unterdrückt
werden, daß sich eine befriedigende Wirkung des ACO-Reglers
einstellte.
Für eine externe Verfahrensoptimierung in der Zerspanung
wurden in der DDR von Kochan, Jakobs und anderen Programm-
systeme zur Bestimmung optimaler technologischer Arbeits-
werte entwickelt [2.15 ÷ 2.18].
Der Übergang von der Festwertoptimierung zur stetigen Optimierung im Bereich des Messerkopffräsens soll mit dem in
[5.12] u. [5.16] vorgestellten Verschleißsensor auf optischer Basis eingeleitet werden. Bis jetzt wurden aber keine
weiteren Angaben über Weiterentwicklungen dieses Systems
und Erfahrungen beim praktischen Einsatz veröffentlicht.

3. ZIELE, AUFGABENSTELLUNG UND ABGRENZUNG DES
   AUFGABENGEBIETES

Die Leistungsfähigkeit der betrachteten ACO-Systeme ist
sehr stark von der Arbeitsweise und der Genauigkeit der
Verschleißmeßeinrichtung bestimmt. Wie aus den vorangegangenen Ausführungen ersichtlich ist, sind Probleme bei
der Verschleißmessung auch die Hauptursache, weshalb ACO-
Pilotsysteme beim Fräsen nicht überzeugend funktionieren
und der Hauptgrund, daß sie für einen industriellen Einsatz nicht in Erwägung gezogen werden, obwohl die Kosten-
frage durch sinkende Preise für elektronische Steuerungs-
systeme inclusive ganzer Prozeßrechner in den Hintergrund
getreten ist.

Ziel der vorliegenden Arbeit ist es, durch geeignete Sensoren bessere Voraussetzungen für die Beobachtbarkeit und
Identifikation des Fräsprozesses während des Bearbeitungs-
vorganges zu schaffen und an Bearbeitungsbeispielen nach-
zuweisen, daß ACO-Regler aufgebaut werden können, die mit
Hilfe der Meßgrößen die Stellgrößen im Sinne einer Optimierung wirksam und im Sinne einer Anpassung an veränderte
Bearbeitungsverhältnisse genügend schnell beeinflussen.

Die aus der Zielvorstellung abzuleitenden Aufgaben betreffen daher alle Problemstellungen, die bei der Entwicklung von ACO-Systemen auftreten und schließen zu
ihrer Lösung die Realisierung folgender Komponenten ein:

- Verschleißmeßeinrichtung

- Einrichtungen zum Messen von Belastungen
  an Maschine, Werkstück und Werkzeug

- ACO-Regler

- Versuchsanlage mit den notwendigen Meß-
  und Steuerungseinrichtungen zur Erprobung
  der Sensoren und des ACO-Systems

Für die Verschleißmessung sind bekannte Meßverfahren und
Sensoren aus dem Bereich der Zerspanung auf ihre Verwend-
barkeit für ACO-Fräsen zu untersuchen und gegebenenfalls
neue Meßmöglichkeiten aufzuzeigen, die für das Fräsen geeignet sind.

Beim Aufbau des ACO-Reglers müssen unter Beachtung von
Sensor- und Prozeßeigenschaften, insbesondere im Hinblick
auf eine schnelle und zuverlässige Prozeßidentifikation
und eine wenig störungsempfindliche Optimierstrategie
neue Ansätze gemacht werden.

Der Anwendungsbereich des ACO-Systems "Fräsen" als auch
die für den ACO-Betrieb notwendigen Hard- und Softwarebau-
steine sollen so gestaltet werden, daß sie den Erforder-
nissen in der Werkstattpraxis nahekommen können.

Die Anstrengungen beim Entwurf und der Realisierung der
Komponenten beziehen sich auf das Verfahren Messerkopffräsen mit Hartmetall, weil solche Fräsarbeiten große
praktische Bedeutung haben und neuere Untersuchungen auf
diesem Gebiet [5.2 und 5.7] ausreichende Grundlagen für
den Entwurf von Sensoren und ACO-Regler liefern können.
Trotz dieser Einschränkung wird ein großer Teil der er-
arbeiteten Lösungen und Aussagen einen Beitrag zur Entwicklung von ACO-Systemen für das Fräsen im allgemeinen
Sinne, d.h. für die Zerspanung mit unterbrochenem Schnitt
unter Verwendung umlaufender Werkzeuge mit definierter
Schneidengeometrie darstellen.

4. GRUNDLAGEN UND VORAUSSETZUNGEN FÜR DEN EINSATZ UND DEN ENTWURF DER ACO-SYSTEMKOMPONENTEN

4.1 Zeitverhalten und Genauigkeit

Auslegungskriterien eines ACO-Systems sind -wie auch in der konventionellen Regelungstechnik- das erforderliche Zeitverhalten und die erforderliche Genauigkeit. Innerhalb von ACO-Systemen handelt es sich hier um Zeiten, die nach dem Start des Regelungsprozesses vergehen, bis ein Optimum der Stellgrößen gefunden ist, und um systembedingte Verzögerungen und Totzeiten, die zwischen dem Auftreten einer Störung und ihrer Ausregelung (Auffinden neuer optimaler Stellgrößen) liegen. Forderungen nach einem bestimmten Zeitverhalten sind nur sinnvoll im Zusammenhang mit Angaben über zulässige Abweichungen der Zielfunktion bzw. der Stellgrößen vom optimalen Wert nach Verstreichen der vorgegebenen Zeit. Diejenigen dimensionsbehafteten Größen, die hier angesetzt werden, bestimmen die regelungstechnische Struktur, den hardwaremäßigen Aufbau und die Komplexität von ACO-Regler, Meßgliedern und Stellgliedern. Ein Verkleinern der Verzögerungszeiten und/oder ein Erhöhen der Genauigkeit verbessern zwar die Wirkung des ACO-Systems -weil auftretende Störungen schneller und stärker unterdrückt werden- und damit den Nutzen, aber es ergibt sich auch ein erhöhter Aufwand beim Entwurf und der Ausführung des Systems. Welche Werte hier zu einem günstigen Kompromiß von Aufwand und Nutzen führen, hängt vom Steuerungsverhalten, vom Störverhalten und der Beobachtbarkeit des Prozesses und von der Art der auftretenden Störungen ab. Ist der Prozeß störunempfindlich, schwer steuerbar, schlecht beobachtbar, und treten zudem Störungen nur selten bei geringer Dauer und kleiner Störamplitude auf, so wird ein ACO-System wenig nutzbringend sein. Ist hingegen der Prozeß sehr störempfindlich und ist häufig mit länger anhaltenden Störungen großer Amplitude zu rechnen, kann schon wenig Aufwand zur Prozeßsteuerung und

Beobachtung von großem Nutzen sein. Wie in dieser Hinsicht
der Fräsprozeß einzuschätzen ist, kann teilweise aus den
Ergebnissen der Arbeiten [5.2] und [5.7] abgeleitet werden.
Dort wurde zum Prozeßverhalten festgestellt, daß die im
Verhältnis zu anderen spanenden Bearbeitungsverfahren
größere Anzahl von Einflußgrößen beim Fräsen vielfältigen
und starken Einfluß auf den Werkzeugverschleiß nehmen. Es
wirken sich hierbei sowohl die Verhältnisse beim Eintritt
und Austritt der Schneiden aus, als auch die Zähnezahl sowie Rundlauf und Planlauf der Schneiden. Auch die Stellgrößen Vorschub pro Zahn, Schnittgeschwindigkeit und
Schnittiefe sind in ihrem Einfluß anders als beim Drehen
zu bewerten. So werden in [5.2] Schnittgeschwindigkeit und
Vorschub pro Zahn gleichermaßen große Bedeutung bei der
Verschleißbeeinflussung zugeschrieben. Die Zusammenhänge
zwischen Einflußgrößen und Verschleißentwicklung stellten
sich als sehr verwickelt heraus, so daß sie einer formel-
mäßigen Beschreibung und Quantifizierung nur schwer zugänglich waren und nach aufwendigen Beschreibungsformen verlangten. Werden die Werkzeuge nicht unzulässig beansprucht,
so ist den Ergebnissen in [5.2] zu entnehmen, daß die
Standzeiten bis zum Überschreiten einer Verschleißober-
grenze im Stundenbereich liegen.
Betrachtet man nun das Planfräsen von kleinen Losgrößen
mit pro Los unterschiedlichen Werkstückstoffen und Werkstückformen, dann hat man von Los zu Los in Bezug auf die
Stellgrößen mit stark schwankendem Verschleißverhalten
des Prozesses zu rechnen. Solche Schwankungen treten ebenfalls auf, wenn sich längs der Fräserbahn an ein und dem-
selben Werkstück die Eingriffsverhältnisse oder Material-
eigenschaften über längere Fräswegabschnitte verändern.
Da der Einfluß von Werkstückstoff, Schneidstoff und Ein-
griffsverhältnissen teilweise überhaupt nicht -weil unbe-
kannt- meistens aber nur sehr schwer vorherbestimmbar ist,
sind diese Größen als Störgrößen aufzufassen.
Beim Fräsen handelt es sich daher in vielen Fällen um
einen stark gestörten (weil störempfindlichen) Prozeß, wobei die Störamplituden und die Störhäufigkeit groß und die

Stördauer oft wesentliche Anteile der Standzeit ausmacht.
Infolge der zu erwartenden großen Standzeiten wird eine
bestimmte Störgrößenkonstellation selten über einen Werkzeugwechsel hinaus andauern. Die Verwirklichung der Zielvorstellung kosten- bzw. zeitoptimales Fräsen in Gegen-
wart von Störungen mündet daher in der Forderung nach
Optimierung innerhalb der Standzeit, bei möglichst geringem Standzeitverbrauch. Dies bedeutet, daß die Anwendung von ACO-Systemen beim Fräsen wegen der zu erwartenden
Störungen zwar große Vorteile verspricht, aber nur dann,
wenn ACO-Regler und Verschleißsensor in der Lage sind, die
Stellgrößen innerhalb von Bruchteilen der Werkzeuglebens-
dauer so zu beeinflussen, daß mit einer wesentlichen Verringerung der Bearbeitungskosten oder der Bearbeitungszeit
zu rechnen ist. Kleine Verzögerungszeiten des Systems,
gemessen an der Lebensdauer des Werkzeugs, verlangen vom
Verschleißsensor eine hohe Auflösung des Meßbereichs,
kleine Meßzeiten (mitunter konträre Forderungen, weil auftretende Störungen Meßunsicherheiten hervorrufen, die nur
durch Vergrößerung der Meßzeiten verkleinert werden können)
und ständige Meßbereitschaft. Aus gleichem Grund wird vom
ACO-Regler verlangt, daß er "ständig am Prozeß bleibt",
innerhalb kleiner Standzeitabschnitte tätig werden kann
und sich wegen der größeren Einflußmöglichkeiten auf den
Werkzeugverschleiß der Stellgrößen Schnittgeschwindigkeit
und Vorschub pro Zahn bedient.
Beim Entwurf des Reglers tritt erschwerend hinzu, daß die
Zusammenhänge zwischen Werkzeugverschleiß und Stellgrößen
sehr verwickelt sind und zudem stark von den Störgrößen
beeinflußt werden. Damit die Vorteile von ACO-Systemen
beim Fräsen ausgenutzt werden können, muß man versuchen,
die genannten Anforderungen an Verschleißsensor und ACO-
Regler mit erträglichem Aufwand zu realisieren.
Man erkennt in diesen Anforderungen große Unterschiede zu
ACO-Systemen beim Drehen, wo infolge kurzer Standzeiten
Störungen über mehrere Werkzeugwechsel anhalten können
und sich die Optimierung wie in [2.8] über eine gesamte
Werkzeugstandzeit hinziehen darf.

Diese Tatsachen entschärfen die Anforderungen an die Verschleißmessung beim Drehen, was Auflösung und Meßzeit betrifft und lassen es zu, daß die Verschleißentwicklung, wie bei der externen Optimierung üblich, mit dem voraussichtlichen (extrapolierten) Standzeitende T_e für konstante Schnittbedingungen über der Standzeit in der Zielfunktion berücksichtigt wird. Diese Vorgehensweise ist bei ACO-Fräsen nicht anwendbar, da in keinem Fall damit gerechnet werden kann, daß weder Schnittbedingungen noch andere Einflußgrößen auf den Werkzeugverschleiß auch nur über eine gesamte Werkzeugstandzeit gleichbleiben. Das Verschleißverhalten muß daher in der Zielfunktion so beschrieben werden, daß sich der daraus resultierende Güteindex aus momentan oder in kurzen Zeitabschnitten vorliegenden Kenngrößen des Zerspanungsprozesses berechnen läßt. Dies ist mit der nachfolgend entwickelten Zielfunktion möglich.

4.2 Zielfunktion

Die von den Bearbeitungsbedingungen abhängigen Kosten lassen sich im allgemeinen in zwei Anteile zerlegen (s. hierzu [5.2])

1. Anfallende Kosten als Folge der
   Bearbeitungszeit

$$K_t = k_t \cdot t$$

2. Anfallende Kosten bei Werkzeugwechsel

$$K_w = k_t \cdot t_w + K_N$$

Der Anteil einzelner Werkstücke an diesen Kosten hängt von der Geschwindigkeit ab, mit der das betreffende Teil bearbeitet werden kann - hierdurch gehen die Schnittbedingungen in die Kosten ein - und von den anteiligen Werkzeugkosten, die auf das betreffende Teil entfallen. Da infolge des ACO-Betriebes die Schnittbedingungen während der Bearbeitungszeit variieren, muß man bei der Kostenrechnung kleine Zeitabschnitte Δt bzw. dt betrachten.

Dann ergeben sich mit

$$dK_t = k_t \cdot dt$$

und

$$dK_w = k_w \cdot dW$$

für das Planfräsen eines Werkstücks im Zeitintervall
t, t+dt die Gesamtkosten

$$dK = dK_t + dK_w = k_t \cdot dt + k_w \cdot dW \qquad (4.1)$$

die sich additiv zusammensetzen aus Kosten dK_t für die
Maschinenbelegungszeit dt mit dem Zeitkostensatz k_t
und anteilige Kosten dK_w für die Verschleißzunahme dW
am Werkzeug mit dem Kostensatz k_w, der über die Formel

$$k_W = \frac{K_W}{W_{max}}$$

mit den Werkzeugwechselkosten K_w und dem maximal zulässigen Werkzeugverschleiß W_{max} in Verbindung gebracht
werden kann.
Mit dem Ansatz (4.1) lassen sich die Kostenzuwächse, wie
es die Absicht war, aus momentan verfügbaren Größen des
Fräserprozesses ermitteln. Die Kosten, die während der
Bearbeitungsdauer T_s auf ein Werkstück entfallen, ergeben
sich durch Summation der Kostenzuwächse über die Zeit T_s

$$K_s = \int_o^{T_s} dk$$

Günstiger für die weitere Betrachtung ist aber die äqui-
valente Darstellung

$$K_s = \int_o^{V_s} dK = \int_o^{V_s} \frac{dK}{dV} \cdot dV \qquad (4.2)$$

wobei die Kostenzuwächse über das während der Zeit T_s am
Werkstück abzutragende Werkstoffvolumen V_s summiert werden.

Der Integrand läßt sich mit (4.1) zu

$$\frac{dK}{dV} = k_v = k_t \cdot \frac{dt}{dV} + k_w \cdot \frac{dW}{dV}$$

$$= k_t \cdot \frac{1}{\frac{dV}{dt}} + k_w \cdot \frac{\frac{dW}{dt}}{\frac{dV}{dt}}$$

oder kürzer zu

$$k_v = k_t \cdot \frac{1}{\dot{V}} + k_w \cdot \frac{\dot{W}}{\dot{V}} \qquad (4.3)$$

umformen und man erhält die nach der Zerspanung des Volumens V_s aufgelaufenen Kosten K über das Integral

$$K_s = \int_o^{V_s} \left[k_t \cdot \frac{1}{\dot{V}} + k_w \cdot \frac{\dot{W}}{\dot{V}} \right] dt \qquad (4.4)$$

Man erkennt, daß die Kosten nur von den momentanen Kenngrößen Volumenabtragungsgeschwindigkeit $\dot{V}$ und Verschleißgeschwindigkeit $\dot{W}$ des Fräsprozesses abhängen, sowie von den konstanten Kostenfaktoren k_t und k_w.
Da $\dot{W}$ und $\dot{V}$ die Kostenentwicklung des Bearbeitungsprozesses eindeutig charakterisieren, sind diese Größen als Meßgrößen innerhalb des ACO-Systems "Fräsen" vorzusehen. In ihnen vereinigen sich willkürlich vorgebbare Einwirkungen (über die Stellgrößen) und unwillkürlich vorhandene Einwirkungen (durch die Störgrößen) auf den Zerspanungsprozeß. Beim Fräsen besteht für die Volumenabtragsgeschwindigkeit $\dot{V}$ der Zusammenhang

$$\dot{V} = a(\overline{r}) \cdot e(\overline{r}) \cdot u(\overline{r})$$

der die Stellgröße Vorschubgeschwindigkeit u und die beiden Störgrößen Schnittiefe a und Fräsbreite e enthält, die im ACO-Betrieb längs der Fräserbahn $\overline{r} = \overline{r}(t)$ und damit auch über die Bearbeitungszeit gesehen variieren.

Den Zusammenhang zwischen den Einflußgrößen und der Verschleißgeschwindigkeit hat man sich in Form einer kompli-
zierten Funktion

$$\dot{W} = g(t, v(\overline{r}), s_z(\overline{r}), \overline{r}(t))$$

vorzustellen, mit den unabhängigen Variablen Zeit t,
Schnittgeschwindigkeit v, Vorschub pro Zahn s_z und Fräserbahn $\overline{r}(t)$, wobei letztere die Abhängigkeit der Verschleißentwicklung von Störeinwirkungen durch Eingriffsverhältnisse, Werkstoff-, Schneidstoff- und Maschineneigenschaf-
ten beschreiben soll.

Mit dem Ausdruck (4.4) erhält man ein Kriterium, das mit
Hilfe der Meßgrößen $\dot{W}$ und $\dot{V}$ eine Beurteilung des Prozesses
innerhalb jedes beliebigen auch sehr kurzen Zeitraumes ermöglicht und daher Entscheidungen über die günstige Wahl
von Stellgrößen erlaubt, die nur vorübergehend gültig sind.
Eine solche Beurteilungsmöglichkeit ist in externen Opti-
mierungsverfahren und den früher erwähnten ACO-Systemen
für das Drehen nicht erforderlich, da dort die Schnittbedingungen während der gesamten Werkzeugstandzeit nicht verändert werden.

Unter der Voraussetzung, daß die Schnittbedingungen während
der Werkzeugstandzeit konstant bleiben, lassen sich aus der
Darstellung (4.4) bisher verwendete Kostenformeln ableiten.
Aus

$$a, e, u = const \qquad \text{folgt} \quad \dot{V} = const = \frac{V_s}{T_s}$$

und es ergibt sich

$$K_s = \frac{k_t}{\dot{V}} \int\limits_0^{V_s} dV + k_w \cdot \int\limits_0^{V_s} dW$$

$$K_s = \frac{k_t}{\dot{V}} \cdot V_s + k_w \cdot W(V_s)$$

Die auf das Volumen V_s bezogenen Kosten lauten:

$$\frac{K}{V_s} = k_v = \frac{k_t}{\dot{V}} + k_w \cdot \frac{W(V_s)}{\dot{V} \cdot T_s}$$

$$= \frac{k_t}{\dot{V}} + k_w \cdot \frac{W(T_s)}{\dot{V} \cdot T_s}$$

Wählt man $T_s = T_1$, d.h. gleich dem Standzeitende bei konstanten Schnittbedingungen, so ergibt sich

$$W(T_1) = W_{max}$$

und man erhält die Kostenformel

$$k_v = \frac{k_t}{\dot{V}} + \frac{t_w \cdot k_t + K_N}{\dot{V} \cdot T_1}$$

die in etwas abgewandelter Form in [5.2] angegeben wird und den Kostenformeln für das Drehen [2.8] nahe verwandt ist.

4.3 Strategiegrundgedanken und Voraussetzungen

Die Aufgabe des ACO-Systems beim Fräsen besteht nun darin, über die zur Verfügung stehenden Stellgrößen die Volumen- abtragsgeschwindigkeit $\dot{V}$ und die Verschleißgeschwindigkeit $\dot{W}$ so zu steuern, daß das Funktional (4.4) längs der Fräser- bahn $\bar{r}(t)$ bei gegebener Störgrößenkonstellation zu einem Minimum wird. Die Stellgrößen sind dabei nicht frei wählbar, sondern soweit eingeschränkt, daß die zulässigen Belast- ungen von Maschine, Werkstück, Aufspannung und Werkzeug durch auftretende Kräfte und Temperaturen nicht über- schritten werden.
Als Stellgrößen des Prozesses bieten sich an:

      die Schnittgeschwindigkeit
      der Vorschub pro Zahn
      die Schnittiefe
und   die Fräserlage zum Werkstück
      (Eintrittswinkel und Austrittswinkel).

Obwohl die letztgenannten Stellgrößen über die Volumenabtragsgeschwindigkeit starken Einfluß auf die Kosten nehmen, werden sie für die weitere Betrachtung ausgeklammert, da ihre Verstellung mit Schnittaufteilungsproblemen verbunden ist, die im Rahmen dieser Arbeit nicht behandelt werden sollen. Von der Schnittiefe und der Fräserlage wird innerhalb des ACO-Systems angenommen, daß sie durch die programmierte Fräserbahn $\bar{r}(t)$ gegeben sind. Die beiden verbleibenden Stellgrößen sollen dann die Minimierung des Funktionals (4.4) bei gerade aktueller Schnittiefe und Fräsbreite vornehmen. Man geht dabei so vor, daß man zunächst durch probeweises Verstellen von Vorschub und Schnittgeschwindigkeit die Reaktion des Prozesses bei der momentan vorliegenden Störgrößenkonstellation anhand der Meßgrößen, Verschleißgeschwindigkeit und Volumenabtragsgeschwindigkeit untersucht (Identifikation) und daraus günstige Werte für die Stellgrößen im zukünftigen Standzeitabschnitt bestimmt (Entscheidungsprozeß). Da der Integrand von (4.4) eine positive Größe ist (Kosten pro Volumen) muß man versuchen, diese Größe für den jeweiligen Standzeitabschnitt durch den Entscheidungsprozeß möglichst klein zu halten um bei der Integration (Summation) längs der Fräserbahn insgesamt zu den geringsten Kosten zu kommen.
Dieses Vorgehen kann aber nur dann erfolgreich sein, wenn die Eigenschaften des Prozesses die Steuerungsmöglichkeiten nach einer gewissen Einwirkzeit t_o der Strategie $s_z(t)$, $v(t)$ nicht dadurch begrenzen, daß nur noch Entscheidungen getroffen werden können, die durch den vergangenen Prozeßverlauf festliegen. Solche Einflüsse sind in der Gesamtstrategie längs der Fräserbahn nicht zu berücksichtigen, weil man wegen der unvermeidbaren Störungen nicht wissen kann, wie der Prozeß verläuft. Zeigt der zu regelnde Prozeß ein derartiges Verhalten, so kann eine Strategie nach obigem Muster in vielen Fällen nur wenig wirksam sein, besonders dann, wenn das Verhalten formelmäßig schwer beschreibbar ist und für die Gesamtstrategie nur in unzulänglicher Weise berücksichtigt werden kann.

Für eine erfolgreiche Anwendung von ACO-Systemen beim
Fräsen sollte daher der Prozeß folgende Voraussetzungen
erfüllen:

1. Die Verschleißgeschwindigkeit $\dot{W}(t)$ zur
   Zeit t_0 hängt nur von den Zerspanungsverhältnissen zum Zeitpunkt t_0 ab und
   nicht von Zerspanungsverhältnissen,
   die vor diesem Zeitpunkt vorlagen.

2. Die Schnittbedingungen und/oder der
   zulässige Werkzeugverschleiß W_{max}
   lassen sich sinnvoll so abgrenzen,
   daß der gemessene Verschleiß $W(t)$ mit
   dem Standzeitende auch die maximale
   Größe W_{max} erreicht, d.h. das Standzeitende nicht schon vorher durch
   Schneidenbruch o.ä. für $W(t) < W_{max}$
   eintritt.

3. Die Prozeßantwort auf die Änderung der Stellgrößen soll gemessen an der Stördauer praktisch
   unverzögert erfolgen und die Stördauer so groß
   sein, daß die Identifikationszeit dagegen klein
   gemacht werden kann, ohne daß dabei die technischen Möglichkeiten der Verschleißmessung
   überfordert sind.

5. ERFASSUNG DER MESSGRÖSSEN

Mit den Ausführungen des vorangegangenen Abschnitts sind
bereits die wichtigen Meßgrößen für technologisches ACO-
Fräsen und wünschenswerte Eigenschaften der zu ihrer Erfassung notwendigen Meßeinrichtungen bekannt. Somit müssen
zunächst der Werkzeugverschleiß in seinem zeitlichen Verlauf, sowie Zerspankräfte, Zerspanleistungen und möglicherweise Temperaturen gemessen werden. Die Messungen sollen
dabei mit höchstmöglicher Genauigkeit und möglichst am
laufenden Prozeß durchgeführt werden, weil dann der ACO-
Regler am erfolgreichsten arbeiten kann.
Weiterhin müssen für die Steuerung der Meßwertverarbeitung
(s. Abschnitt 6) Meßgrößen verfügbar sein, die angeben
können, ob das Werkzeug Material zerspant oder nicht. Beim
Einsatz von Schnittaufteilungssystemen und Systemen zum
Überfahren von Leerwegen im Eilgang können diese Meßsignale zur automatischen Erkennung von "Anfräsen, "Ausfräsen"
und "Luftschnitt" genutzt werden.
Für die Erfassung der genannten Meßgrößen werden Sensoren
entwickelt, die auf die Eigenschaften des Fräsprozesses
zugeschnitten sind. Neben diesen speziellen Eigenschaften
müssen sie aus wirtschaftlichen und anwendungsspezifischen
Erwägungen heraus Anforderungen erfüllen, die ganz allgemein an den Einsatz solcher Sensoren in der Zerspanung gebunden sind. Hierzu gehören die Forderungen nach hoher Zuverlässigkeit der Sensoren über eine große Betriebszeit
bei geringen Wartungsansprüchen und großer Unempfindlichkeit gegen Störeinflüsse, die bei normalem Betrieb der Maschine in einer Werkstatt vorhanden sind. Meßwertgeber und
Hilfseinrichtungen müssen ohne große Veränderungen an Werkzeug und Maschine auch nachträglich an fertiggestellten
Werkzeugmaschinen angebracht werden könnenund die entstehenden Kosten sollen gemessen am ohnehin vorhandenen Meß- und
Steuerungsaufwand nicht ins Gewicht fallen. Keinesfalls
dürfen durch die Verwendung der Sensoren Bearbeitungsmög-
lichkeiten oder Aufspannmöglichkeiten eingeschränkt werden.
Mit Rücksicht auf die heute übliche Art der Meßwertverarbeitung mit Digitalrechner, sollen die Meßwerte an der

Schnittstelle Sensor-Meßwertverarbeitungsgerät möglichst
in digitaler Form mit den notwendigen Steuersignalen vorliegen und bereits mittels Hardware so vorverarbeitet sein,
daß der Meßstellenverwaltungsaufwand für das Verarbeitungs-
programm gering bleibt und die Zentraleinheitszeit in erster
Linie der Meßwertverarbeitung zugute kommt.
Der zulässige Arbeitsbereich der Maschine, welcher den Lösungsbereich der Optimierungsaufgabe darstellt, ist durch
Grenzen gekennzeichnet, die ihre Lage in der Schnittge-
schwindigkeits-Vorschub-Ebene nicht beibehalten und daher
über Sensoren beobachtet werden müssen. Diese Grenzen für
die Verstellung von Vorschub und Schnittgeschwindigkeit
werden durch Randbedingungen formuliert, die die Maschine,
das Werkstück, die Aufspannung, das Werkzeug oder sogar die
Verschleißentwicklung selbst betreffen. Beim Messerkopffräsen sind im Einklang mit [5.1 u. 5.2] die maschinen-,
aufspannungs- und werkstückbedingten Grenzen im wesentlichen
durch das zulässige Drehmoment und die zulässige Spindelleistung gegeben, also durch Größen, die meßtechnisch gut
zugänglich sind. Äußerst schwierig ist die meßtechnische Erfassung von zulässigen Belastungen für das Werkzeug bzw.
die Schneide, weil für deren Beurteilung die Temperatur-
und Spannungsverteilungen im Schneidkeil vorliegen müßten.
Da unterschiedliche und auch unterschiedlich kritische
Spannungsverteilungen bei unveränderter Schnittkraft vorkommen können, ist die Schnittkraft als globale Größe für
die Beurteilung der Schneidenbelastung wenig aussagekräftig.
Noch ungünstiger fällt die Beurteilung der Kräftebelastung
aus, wenn nur resultierende Schnittkräfte mehrerer im Eingriff befindlicher Schneiden zur Verfügung stehen. Ähnlich
sieht es mit der Erfassung der Wärmebelastung aus, weil
auch hier bei nicht übermäßig hohem Aufwand nur mittlere
Temperaturen und nicht örtliche Temperaturverteilungen gemessen werden können. Dennoch wird in [2.1, 5.2, 5.3] u.a.
dieser mittleren Zerspantemperatur große Bedeutung zuge-
messen, so daß eine on-line-Erfassung dieser Größe zur Beobachtung zulässiger Temperaturbelastungen am Werkzeug in
Erwägung gezogen wird.

Unter Beachtung der eben gemachten Aussagen und der Tatsache, daß der meßtechnische Aufwand vertretbar gehalten werden soll wurden die Meßwerterfassung für ACO-Fräsen auf die Größen Werkzeugverschleiß, Spindelmoment und Werkzeugtemperatur beschränkt und die nachfolgend beschriebenen Sensoren gebaut.

5.1 Momentensensor

Aufgabe des Momentensensors ist es, Belastungen von Maschine und Werkstück durch auftretende Kräfte zu messen. Diese Meßgröße soll die Voraussetzungen für die Einhaltung zulässiger Grenzen schaffen und die Möglichkeit bieten, die Vorgänge "Anfräsen", "Ausfräsen" und "Luftschnitt" zu erkennen. Die erforderliche geringe zulässige Verzögerung des Meßsignals beim Heranfahren an das Werkstück im Eilgang, aber auch die notwendige Genauigkeit der Messung lassen es sinnvoll erscheinen, das Moment nicht über den Motorstrom des Hauptspindelantriebs, sondern "näher" an der Wirkstelle der Kräfte zu messen, weil erst dann vom Meßsignal eine ausreichende Dynamik und Auflösung erwartet werden kann [5.2 und 5.4] . Bei dem ausgeführten Sensor wird das Drehmoment aus der Verdrehung des Schaftes am Messerkopfaufspanndorn ermittelt, welcher mit vier Dehnungsmeßstreifen in Vollbrückenschaltung versehen ist. Durch diese Art der Ausführung wird den Anforderungen nach geringen Veränderungen an Werkzeug und Maschine keinerlei Beeinträchtigung der Bearbeitungs- und Aufspannmöglichkeiten an der Maschine, sowie Erhaltung der Steifigkeit von Werkzeug und Spindel Rechnung getragen. Temperaturgang der Dehnungsmeßstreifen und Einfluß der Spindelbiegung auf die Messung konnten durch symmetrische Anordnung der Meßstreifen zur Spindelachse klein gehalten werden. Infolge der hohen Torsionssteifigkeit des Schaftes ($\emptyset$ = 70 mm) mußten zur Verringerung des Verstärkungsaufwandes Halbleiterdehnungsmeßstreifen verwendet werden um eine ausreichende Auflösung des Drehmomentsignales zu erreichen. Die Brücke wird mit Gleichstrom aus einer Stromquelle gespeist, die sich trotz hoher Anforderungen an

Lastunabhängigkeit und Temperaturdrift relativ einfach
aufbauen läßt. Der Aufwand für Brückenstromversorgung
und Meßverstärker beschränkt sich so -im Gegensatz zu
Anwendungen mit Trägerfrequenztechnik- auf die genannte
Stromquelle, die nebenbei eine bessere Linearität der
Kennlinie bewirkt und einen Differenzverstärker mit der
Spannungsverstärkung V_u= 500. Die Anordnung wurde mit
einer Piezo-Schnittkraftmeßplattform der Firma Kistler
AG., Winterthur geeicht und hatte die in Bild 5-1 dar-
gestellten statischen und dynamischen Eigenschaften.

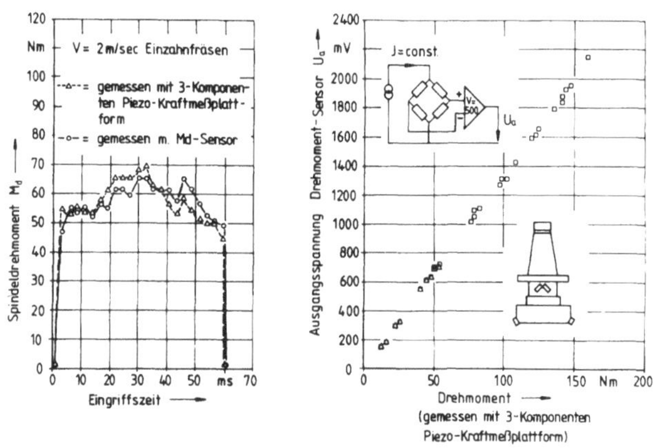

Bild 5-1 Eigenschaften des Drehmomentsensors

5.2 Temperatursensor

Centner [2.1], Haase u.a. [5.5] und Lowack [5.6] haben
für die Ermittlung der Zerspantemperatur das Thermoelement Schneide-Werkstück genutzt (Einmeißel-Verfahren).
Dieses Verfahren erscheint für ein praxisnahes ACO-System
nicht verwendbar, weil zumindest das Werkstück isoliert
aufgespannt werden muß. Hierdurch wird nämlich einerseits
die Handhabung der Werkstückspannung erheblich erschwert,
andererseits besteht die Gefahr, daß Späne Kurzschlußbrük-
ken zwischen Werkstück und Maschine bilden und die Isolation
wieder aufheben.
Der vorgestellte Temperatursensor arbeitet deswegen mit

einem Thermoelement, das möglichst nahe der, an der Zerspanung beteiligten Schneidenecke in die Wendeplattenauflage bzw. -klemmeinrichtung eingebaut wird (s. Bilder 5-10
und 5-11). Ein Einbau des Thermoelementes in die Schneidplatte selbst würde die Aussagekraft der Temperaturmessung
in Bezug auf die Zerspanungstemperatur zwar wesentlich verbessern, kann aber wegen der Erfordernisse der Praxis nicht
in Betracht kommen. Trotz dieser Einschränkungen lassen
sich Veränderungen in der Zerspantemperatur mit der Meßein-
richtung gut verfolgen (s.Abschn. 6) und ungewöhnliche Ten-
denzen infolge unzulässiger Wärmebeanspruchung rechtzeitig
erkennen. Gleichzeitig wird mit der Temperaturmessung die
Absicht verbunden, eventuelle Temperaturdehnungen, die die
Verschleißmessung verfälschen, über eine Kompensation aus-
zugleichen (siehe Abschn. 6.3). Obwohl Thermoelemente nur
wenig Ausgangsspannung liefern wurden sie anderen Gebern
vorgezogen, denn sie sind wegen ihrer Kleinheit ($\emptyset < 0,5$ mm)
leicht einbaubar, ohne die Steifigkeit der Wendeplattenauflage zu beeinträchtigen. Hinzu kommt, daß sie leicht zu
handhaben sind und bei Verwendung der Paarung NiCr-Ni eine
fast lineare Kennlinie im interessierenden Temperaturbereich von $0...300^{\circ}C$ besitzen. Für die Temperaturmessung mit
Thermoelementen muß die Temperatur eines Thermoschenkels
bekannt sein. Deswegen wurde am Messerkopfaufspanndorn ein
Aluminiumklötzchen befestigt und der Vergleichsschenkel
und ein Transistor als geeichter Absoluttemperaturfühler
durch Aufnahme in zwei Bohrungen in guten Wärmekontakt gebracht.
Die Addition der vom Transistorfühler gemessenen Vergleichs-
temperatur und der Differenztemperatur der Thermoschenkel
macht eine absolute Temperaturmessung am Werkzeug möglich.
Auch für den Temperatursensor ist der Aufwand für elekto-
nische Zwischenschaltungen gering, denn sie bestehen aus
einer einfachen Brückenschaltung für den Absoluttempera-
turaufnehmer und einem Differenzverstärker mit 500-facher
Spannungsverstärkung für das Thermopaar. Mit der Spannungs-
Temperatur-Empfindlichkeit der NiCr-Ni Paarung von $40\mu V/^{\circ}C$
im Mittel ergibt sich am Ausgang des Meßverstärkers eine
Empfindlichkeit 20 mV/$^{\circ}C$ für den Temperatursensor.

5.3 Verschleißsensor

5.3.1 Anforderungen und Wahl des Sensortyps

An den Verschleißsensor eines ACO-Systems werden in erster
Linie zwei Anforderungen gestellt, die für den Entwurf von
größter Bedeutung sind. Die erste lautet:

> Es müssen Verschleißkenngrößen meßbar sein, die
> angeben können, wann das Standzeitende des Werk-
> zeuges erreicht ist.

Und die zweite:

> Es muß das Wachstum derjenigen Verschleißkenn-
> größen meßbar sein, die dann das Standzeitende
> bewirken.

Die Erfüllung der ersten Forderung erlaubt die Überwachung
des Standzeitendes und damit den rechtzeitigen Werkzeugwechsel. Erst die Erfüllung der zweiten Forderung eröffnet
Steuer- und Regelmöglichkeiten, die bereits vor dem Standzeitende des Werkzeugs auf eine bessere Ausnutzung der Maschine und des Schneidstoffs hinarbeiten. Denn nur die Meß-
barkeit des Verschleißwachstums kann zu Optimiermethoden
führen, die auch dann wirksam sind, wenn das Standzeitende
noch nicht erreicht ist. Neueren Untersuchungen [5.2, 5.5,
5.7, 5.8, 5.9], die sich mit dem Messerkopffräsen mit Hartmetallwendeschneidplatten befassen ist zu entnehmen, daß
die Verschleißmarkenbreite bzw. der Schneidkantenversatz
als Verschleißmerkmale die geforderten Eigenschaften aufweisen. In [5.2] wird insbesondere dem Freiflächenverschleiß
der Nebenschneide standzeitendebestimmende Funktion zuge-
sprochen. Obwohl im Gegensatz zu den Feststellungen von
Kamm in [5.2] in jüngster Zeit Rißbildungen in Form von
Kamm-Quer- und Längsrissen an Hartmetallschneiden beobachtet
wurden [5.5, 5.7] und diesen Rissen eine große Bedeutung
für die Verschleißentwicklung beim Fräsen beigemessen wird,
bleibt die Aussagekraft der Verschleißmarkenbreite für den
Verschleißzustand der Schneide dennoch bestehen, weil das
Versagen der Wendeplatte als Folge einer Rißbildung erst

bei großen Verschleißmarkenbreiten auftritt, wenn man von
extremen Schnittbedingungen absieht. Unter extremen
Schnittbedingungen sollen hierbei Vorschübe $s_z \geq 0,6$ mm
und Schnittgeschwindigkeiten $v \geq 5$ m/s verstanden werden,
die nach [5.2] ohnehin nur zu extrem kurzen Standzeiten
führen und damit außerhalb des Lösungsbereiches der Optimierungsaufgabe liegen.

Wegen der angestrebten kurzen Reaktionszeiten des ACO-
Reglers (siehe Abschn. 4) soll der Sensor in der Lage sein,
zu beliebigen Zeiten einen aktuellen Verschleißmeßwert
angeben zu können, d.h. er soll kontinuierlich messen.
Diese Forderung birgt den weiteren Vorteil für den Meß-
vorgang in sich, daß der Bearbeitungsablauf für die Messung
nicht unterbrochen werden muß, denn im allgemeinen kann man
nicht annehmen, daß bei unbekanntem Verschleißverhalten und
beliebigen Fräslängen eine Verschleißmessung jeweils am
Ende des Werkstücküberlaufes ausreicht. Hinzu kommt die
Möglichkeit, bei unerwartet starkem Verschleißanstieg
während des Überlaufs über ein langes Werkstück, das Ende
des Werkstücks durch geeignetes Einwirken auf die Stellgrößen ohne Werkzeugwechsel und damit ohne Unterbrechung
des Bearbeitungsvorgangs zu erreichen. Eine Reaktion auf
solche Vorgänge ist nur mit kontinuierlichen Meßverfahren
möglich.

Da die üblichen Methoden der Verschleißmessung schwer zu
automatisieren sind, wurden immer wieder Anstrengungen
gemacht, den Werkzeugverschleiß auch beim Fräsen indirekt
über andere leichter meßbare physikalische Größen des
Zerspanungsprozesses zu bestimmen.

Dieses Problem wurde beim Messerkopffräsen in Bezug auf
die Kräfte in [5.2] behandelt mit dem Ergebnis, daß weder
die einzelnen Zerspankraftkomponenten noch aus den Komponenten gebildete Verhältnisse eine indirekte Verschleißmessung erlauben (s. aber 2.7). Den Ausführungen von Kamm
in [5.2, S. 108, 109] ist hinzuzufügen, daß für diese indirekte Methode Fräsbreite und Schnittiefe entweder konstant
bleiben oder bekannt sein müssen. Nur in diesem Fall
sind die Einflüsse des Spanungsquerschnitts und der Anzahl der im Eingriff befindlichen Zähne zu unterdrücken,

es sei denn, man verwendet gesonderte Strategien um diesen
Einfluß in der Realität zu kompensieren. Ähnliche Probleme
liegen auch bei der Verwendung der Schnittemperatur als in-
direkte Meßgröße [2.1, 5.5] vor und lassen auch diese
Methode für die Verschleißmessung ungeeignet erscheinen.
Wie bereits früher (Abschn. 2) erwähnt, haben auch Kombinationen von Kraft- und Temperaturmeßgrößen, wie sie in
[2.1] zur Verschleißmessung verwandt wurden, nicht zum gewünschten Erfolg geführt. Es bleiben damit nur diejenigen
Meßverfahren anwendbar, die den Verschleißzustand der
Schneide aus Veränderungen ihrer Geometrie gegenüber dem
Neuzustand bestimmen. Dies bedeutet, daß die Abstands-
messungen gemäß Bild 5-2, die üblicherweise am Mikroskop
durchgeführt werden, einem Sensor übertragen werden müssen.

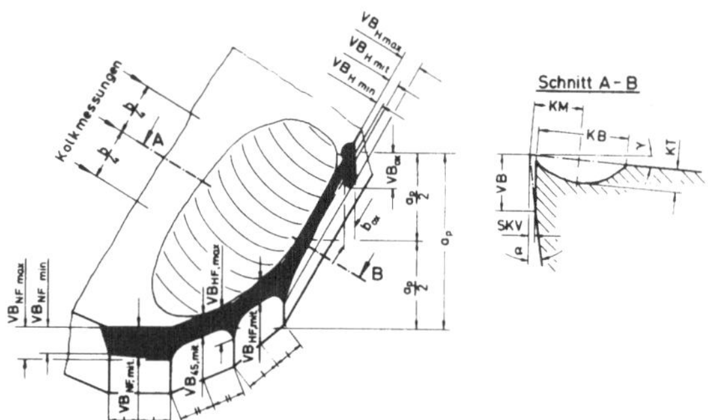

Bild 5-2   Verschleißmeßgrößen an Wendeschneidplatten

Nicht zu übersehen sind die Schwierigkeiten, die bei Realisierung kontinuierlich arbeitender Verschleißsensoren
dieser Art auftreten. Während intermittierend arbeitende
Verfahren die Verschleißmessung abseits der Wirkstelle der
Zerspanung störungsfrei und genau durchführen können, ruft
der Bearbeitungsvorgang bei kontinuierlich arbeitenden Sensoren oft nur schwierig zu unterdrückende Störungen des
Meßsignals hervor. Diesen zu erwartenden Störfaktoren muß
bei der Sensorkonstruktion als auch bei der Meßsignalver-
arbeitung Rechnung getragen werden.

In Ausführung der eingangs des Kapitels genannten allgemeinen Anforderungen wird von dem zu konstruierenden Sensor folgendes verlangt:

1. Verschleißfreiheit des Abstandsgebers und anderer Sensorbauteile.

2. Robustheit in Bezug auf Erschütterungen, Schwingungen, Temperaturen etc.

3. Sicherheit gegen Zerstörung durch den Bearbeitungsvorgang.

4. Unabhängigkeit des Meßsignals von Größentoleranzen der Wendeschneidplatten und Einspannfehlern.

5. Unabhängigkeit des Meßsignals von Werkstückstoff und Schneidstoff.

6. Unabhängigkeit des Meßsignals von den verwendeten Schnittbedingungen.

7. Geringe Empfindlichkeit des Meßsignals gegen Zerspankräfte, Temperaturen und Dehnungen des Werkzeugs oder der Spindel.

8. Geringe Empfindlichkeit des Meßsignals gegen Schmutz, Späne und Kühlmittel.

9. Möglichst geringe Anforderungen an die Positionierung des Aufnehmers.

10. Möglichst keine Beeinträchtigung des Schneidplatten- oder Werkzeugwechsels.

11. Kleine Baugröße, damit der Wirkraum der Maschine unverändert bleiben kann.

12. Leichte Auswechselbarkeit und geringe Kosten der Teile, die durch Werkzeugbruch o.ä. eventuell zerstört werden können.

13. Geringe Gesamtkosten

Durch das Umlaufen der Schneiden beim Fräsvorgang ist das
Meßsignal nur kurzzeitig verfügbar. Deshalb muß je nach
Meßprinzip (s. Abschnitt 5.3.2) die Einschwingzeit des
Sensors berücksichtigt werden. Weiterhin erfordert eine
fehlerfreie Auswertung des Meßsignals entweder eine
Synchronisierung von Meßwerterfassung und Sensorlage zum
Werkzeug oder Werkstück oder eine Möglichkeit mittels
Hardware oder Software aus dem Signalverlauf Bild 5-3
einen gültigen Verschleißmeßwert zu erkennen und an-
schließend bis zur nächsten Verschleißmessung zwischenzu-
speichern.

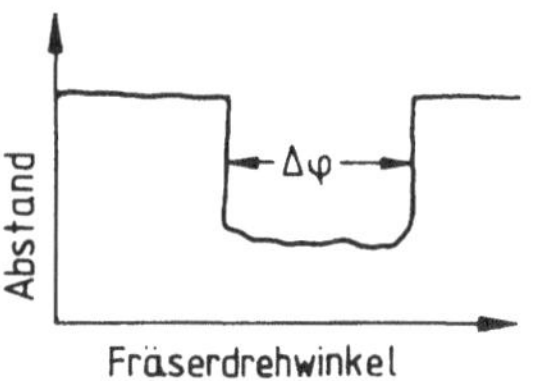

Bild 5-3
Typisches Meßsignal
bei der geometrischen
Verschleißmessung
während des Fräsvor-
gangs.

Je nach Schnittgeschwindigkeit, Fräsbreite und verwendetem
Meßverfahren entspricht dem Fräserdrehwinkelbereich $\Delta\varphi$, in
dem ein gültiger Meßwert erfaßt werden kann, eine Zeit-
spanne von 0,05...100 ms.

5.3.2 Meßprinzip

Unter Beachtung eines Großteils der gestellten Anforderungen
erschien es für die kontinuierliche Verschleißmessung beim
Fräsen erfolgversprechend zu sein, den Schneidkantenver-
satz der Schneiden über eine Abstandsänderung zwischen
Schneidenträger und durch die Schneide erzeugter Schnitt-
fläche am Werkstück zu erfassen. Zu diesem Zweck müssen
Abstandsgeber im Werkzeug eingebaut werden, die gemäß
Bild 5-4 die Messung des Schneidkantenversatzes sowohl der
Nebenschneide (A) als auch der Hauptschneide (B) zulassen.

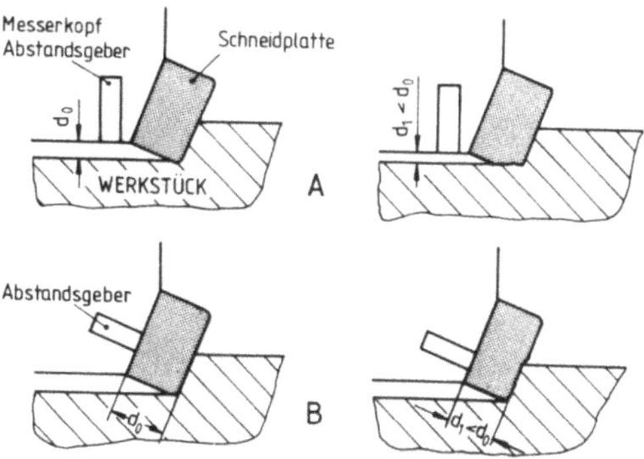

Bild 5-4 Prinzip für die Schneidkantenversatzmessung an
         Nebenschneide (A) und Hauptschneide (B)

Der wesentliche Vorteil dieses Prinzips liegt darin, daß
der Verschleiß während der Bearbeitung bei beliebigen Ein-
griffsverhältnissen des Messerkopfes meßbar ist, auch wenn
die Fräserstirnfläche völlig vom Werkstück überdeckt wird.
Die Anwendung dieses Prinzips macht es erforderlich, daß

   1. Meßsignale von der rotierenden Spindel auf
      ortsfeste Maschinenteile übertragen werden
      müssen (dies ist auch für die Momentenmessung
      notwendig, s. Abschnitt 5.2) ;

und
   2. daß die Frage geklärt wird, inwieweit beim
      Einbau eines einzigen Gebers dieser ein für
      alle Fräserschneiden repräsentatives Ver-
      schleißsignal abgeben kann (s. Abschnitt 6) .

Denkbar sind Sensoren, deren Abstandsgeber nicht mitrotieren
und die Schneiden axial oder radial von außen berührungslos
abtasten, um so Schneidkantenversatz oder sogar die Verschleißmarkenbreite zu messen. Solche Sensoren sind in [5.10],
[5.11 und 5.12] beschrieben, benutzen optische Effekte zur
Messung und sind teilweise bereits im Labor erprobt.

Sie besitzen zwar den Vorteil, alle Schneiden einzeln ver-
messen zu können (allerdings nur mit zusätzlichem Aufwand
für die Zuordnung der Schneiden zu den betreffenden Meßwerten) und im Falle der Verschleißmarkenbreitenmessung
den weiteren Vorteil einer theoretisch ca. 10-fach höheren
Auflösung, sind aber darauf angewiesen, daß der Fräser am
Werkstückrand übersteht und daß die benötigte Meßapparatur
in Abhängigkeit von der Vorschubrichtung und der Werkstücklage am Fräserumfang positioniert und mitgeführt wird.
Angesichts der zu erwartenden Störfaktoren bei optischen
Verfahren durch veränderliches Reflexionsverhalten der
Freiflächen, oder Positionierschwierigkeiten beim Schatten-
verfahren [5.10] und der Gefahre der Zerstörung einer recht
aufwendigen Apparatur fiel die Entscheidung zugunsten des
Meßprinzips nach Bild 5-4 aus.
Bei der Messung des Hauptschneidenversatzes nach Bild 5-4
(B) wird der Abstand bei jeder Fräserumdrehung über einer
frischen Schnittfläche gemessen, die den Kantenversatz
längs der Hauptschneide sehr genau wiederspiegelt. Allerdings ist wegen der endlichen Geberabmessung eine Mindest-
schnittiefe für eine genaue Messung erforderlich. Da aus
konstruktiven Gründen der Geber mindestens um die Platten-
stärke längs des Umfangs versetzt eingebaut werden muß,
liegen Meßgröße und zu messende Größe nicht koaxial und es
muß infolge des Werkzeugvorschubs eine Korrektur des Meß-
wertes vorgenommen werden.
Die Größe Δd der Korrektur ist vom momentanen Eingriffswinkel φ, dem Vorschub pro Fräserumdrehung s, dem Versatz Δl
zwischen Geberachse und Schneide am Fräserumfang und der Nei-
gung der Meßachse zur Spindelachse (entsprechend dem Einstell-
winkel) abhängig. Stehen Meßachse und Spindelachse senkrecht
aufeinander, dann ergibt sich eine Korrektur der Form

$$\Delta d \;=\; s \cdot \frac{\Delta l}{D\pi} \cdot \sin \varphi$$

Vorversuche zur Messung des Hauptschneidenversatzes ergaben jedoch, daß dem Schnittbogen durch die Nachgiebig-
keit der Spindel in radialer Richtung Welligkeiten im Bereich von 10 µm und mehr überlagert sein können, die die

Korrektur des Meßsignals während der Bearbeitung noch
schwieriger machen, als sie ohnehin bereits ist. Da der
Hauptschneidenverschleiß zudem im allgemeinen kleiner als
der Nebenschneidenverschleiß ist und sich daher besonders
hohe Anforderungen an die Auflösung des Abstandes ergeben,
wurde diese Möglichkeit der Verschleißmessung im weiteren
nicht mehr verfolgt.
Die Messung des Nebenschneidenversatzes nach Bild 5-4 (A)
erfordert weder eine minimale Schnittiefe, noch eine Korrektur längs des Schnittbogens. Dafür sind allerdings Einflüsse der Oberflächenrauhigkeit zu befürchten und Störungen durch Späne, die auf der gefrästen Oberfläche
liegenbleiben. Aus dem Wegfall der Forderung nach minima-
ler Schnittiefe könnte man nun erwarten, daß die Baugröße
des Abstandsgebers, d.h. die Größe der zur Abstandsmessung
benötigten gegenüberliegenden Flächen auf dem Messerkopfgrundkörper und dem Werkstück in erster Näherung keine
Rolle spielt, da man in radialer Richtung zum Messerkopf-
mittelpunkt hin genügend Raum für den Einbau zur Verfügung
hat. Dies ist nicht der Fall, wenn man daran denkt, daß
das Meßsignal mit wachsendem Geberabstand Δr vom Flugkreis-
radius der Schneiden immer stärker verzögert wird, d.h.
der Verschleiß zum Zeitpunkt t_o erst um die Totzeit
$T = \Delta r/u$ später vom Sensor gemessen wird und mit wachsender
Meßfläche der Verschleißverlauf stärker nivelliert wird.

Bei der Verschleißmessung nach Bild 5-4 ist in beiden Fällen
zu beachten, daß das Bezugssystem für den Abstandswert
günstigenfalls in der Wendeplattenauflage zu sehen ist,
dort also, wo der Geber mit kleinstmöglichem Abstand zur
Schneidenecke eingebaut werden kann, ohne daß der Wende-
plattenwechsel eingeschränkt wird. Während die Positionierung und die axiale Dehnung der Spindel bei diesem Meßprinzip keine Probleme aufwerfen -denn mit der Spindel ver-
schiebt sich sowohl die Schneide als auch der Abstandsgeber-
so ist dennoch in dem seitlichen Abstand zwischen Geber und
Schneidenecke eine Verletzung des Abbé Prinzips zu sehen,
die zu Meßfehlern bei Kippbewegungen des Fräsers unter Ein-

wirkung äußerer Kräfte führen kann. Weitere Meßfehler
können durch die Einwirkung der Zerspanwärme entstehen,
wenn sich Schneidkante und Geber unterschiedlich ausdehnen,
infolge unterschiedlicher Ausdehnungskoeffizienten von
Schneidstoff, Schneidenträgerwerkstoff und Geberwerkstoff
und der räumlichen und zeitlichen Ausbildung des Tempe-
raturfeldes in der Wendeplatte, der Plattenauflage und
dem Geber. Diese Fehler können mit konstruktiven Maßnahmen kleingehalten werden, indem man versucht die Geberabmessungen so klein wie möglich zu machen und den Geber
so nahe wie möglich an die zu vermessende Schneide heran-
zubringen. Denn einerseits nähert man sich durch diese
Maßnahmen der koaxialen Lage zwischen der Meßachse des
Gebers und der zu messenden Strecke, andererseits werden
Meßfehler durch Wärmedehnung verringert, weil der Geber
bei Erwärmung der Schneidplatte mitwachsen kann.

Im folgenden soll nun beschrieben werden, wie aufgrund
der genannten Anforderungen ein bestimmter Gebertyp aus-
gewählt wurde, wie er aufgebaut ist, welche Zwischenschaltungen er benötigt und wie er im Werkzeug eingebaut werden
kann.

5.3.3 Konstruktive Ausführung

Einen großen Teil der Anforderungen würde ein Abstandsgeber
nach dem fluidischen Druckmeßverfahren mit einem Düse-
Prallfläche-System erfüllen. Solche Sensoren wurden in [5.13]
für das Drehen gebaut und mit Erfolg getestet. Aufgrund
dieser guten Erfahrungen wurde versucht, solche Geber auch
beim Fräsen einzusetzen [2.14] und zwar auf pneumatischer
Basis. Sogleich wurden aber Probleme offenbar, die beim
Drehen eine untergeordnete Rolle spielten. Insbesondere
mußte die Einschwingzeit des Meßsignals verkürzt werden,
die beim ausgeführten Sensor in [5.13] im Sekundenbereich
lag und für das Drehen als ausreichend erachtet wurde. Beim
Fräsen jedoch ist zum Beispiel bei einem Messerkopfdurch-

messer von 125 mm, radialem Düsenabstand von 55 mm, einer
Fräsbreite von 100 mm und niedriger Schnittgeschwindigkeit
von 1 m/s die Düse nur ca. 150 ms über der Werkstückoberfläche. Durch Verkürzen des Luftkanals konnte die Einschwingzeit zwar auf ca. 50 ms verkürzt werden, dennoch
ist aber für bestimmte Spindeldrehzahlen eine Mindestfräs-
breite erforderlich, die ohne Einbuße der Meßgenauigkeit
nicht unterschritten werden darf [2.14]. Eine stark nicht-
lineare Kennlinie und die große Drift des Druckwandlers,
der zur Verkürzung des Luftkanals auf dem Messerkopf montiert und damit starken Temperaturschwankungen ausgesetzt
war, waren weitere Nachteile dieses Sensors, der nicht
weiter in Betracht gezogen wurde. Sensoren, die mit Flüssig-
keiten arbeiten [5.13 und 5.14] scheiden gleichfalls aus,
da hier ein Flüssigkeitsstrom auf die rotierende Spindel
übertragen werden müßte, was sehr aufwendig ist und Kühlmittel beim Fräsen mit Hartmetall nicht empfohlen werden
kann, weil es den Werkzeugverschleiß fördert [5.7]. Induktive berührungslose Wegaufnehmer können die Forderung nach
Unempfindlichkeit gegen den Einfluß des Werkstückstoffs
nicht erfüllen, weil sie Signale liefern, die von der elektrischen Leitfähigkeit des Werkstoffes abhängig sind und
daher werkstückbezogen geeicht werden müssen. Die Verwendung
von Schneidplatten mit aufgedampftem Meßgitter, das als
Widerstandsnetzwerk geschaltet, mit wachsender Verschleißmarkenbreite nach und nach vom leitenden Werkstück kurzge-
schlossen wird [5.14], wurde ebenfalls verworfen, da sie
weder für den Hersteller noch für den Anwender solcher
Schneidplatten praktisch ist.
Kapazitive Wegaufnehmer in Schutzringausführung schienen
den geforderten Eigenschaften des Gebers am nächsten zu
kommen. Wie im Laufe des Abschnitts noch gezeigt werden
wird, sind sie einfach aufgebaut und daher robust, haben
eine nahezu lineare Kennlinie und es lassen sich sowohl
eine hohe Auflösung, als auch kurze Einschwingzeiten
($\leq$ 1 ms) verwirklichen. Vom Werkstück wird lediglich
verlangt, daß es für den elektrischen Strom metallisch
leitend ist.

Der Aufbau eines solchen Gebers und der dazugehörigen
Zwischenschaltung sei im folgenden kurz beschrieben.

Die Geber sind meist zylindrisch aufgebaut [5.15] u.[5.16]
und bestehen aus mehreren zueinander koaxial liegenden Elektroden,die gegeneinander isoliert sind (Bild 5-5).

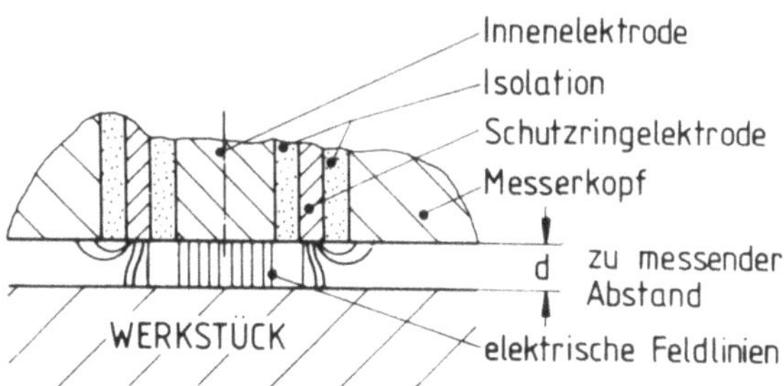

Bild 5-5   Schutzringkondensator als Wegaufnehmer

Die Stirnseiten der Elektroden und die Werkstückoberfläche
bilden einen Schutzringkondensator, dessen Kapazität ein
Maß für den Abstand zwischen Geber und Werkstückoberfläche
ist. Mit Hilfe einer Zwischenschaltung wird die Außen-
und die Innenelektrode auf dem gleichen Potential gehalten,
so daß der im Bild eingezeichnete Verlauf der elektrischen
Feldlinien entsteht. Zur Abstandsmessung wird jedoch nur
die Kapazität der Innenelektrode gegenüber dem Werkstück
genutzt, nicht aber die Schutzringkapazität. Auf diese
Weise geht nur der Bereich der Werkstückoberfläche ein,
der gegenüber der Innenelektrode liegt und man erhält eine
gute Linearität der Kennlinie, da die Feldlinien in diesem
Bereich auch bei unterschiedlichen Abständen nahezu parallel
verlaufen. Bild 5-6 stellt die Prinzipschaltung für die
Abstandsmessung nach dem Schutzringkondensatorprinzip dar.

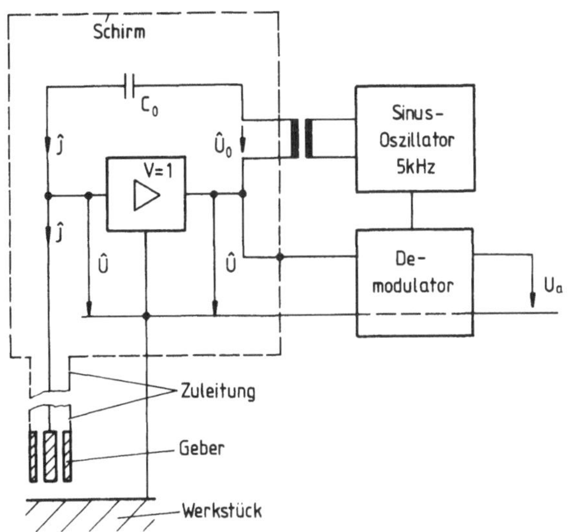

Bild 5-6 Schaltung des kapazitiven Abstandssensors

Durch den Spannungsverstärker mit sehr hochohmigem Eingang
und einer Spannungsverstärkung, die sehr wenig von 1 abweicht, liegt die transformierte Wechselspannung U_o des
Oszillators, die von guter Konstanz in Frequenz und Amplitude sein muß, praktisch an der Normalkapazität C_o und
erzeugt einen Wechselstrom, der infolge des hochohmigen
Verstärkereingangs im wesentlichen in die Innenelektrode
des Gebers hineinfließt und an ihr die Spannung U erzeugt.
An der Ausgangsklemme des Verstärkers, die mit dem Schirm
und der Schutzringelektrode verbunden ist, erscheint
gleichfalls die Spannung U bezogen auf das Werkstückpo-
tential, so daß einerseits die geforderte Homogenität des
Feldes vor der Innenelektrode gewährleistet ist und andererseits Einflüsse der Zuleitungs- und Schaltkapazitäten unterdrückt werden.

Für $U_o = \hat{U}_o \cdot \sin \omega t$ ergibt sich

mit

$$\hat{J} = \hat{U}_o \cdot \omega C_o \quad \text{und} \quad \hat{U} = \frac{\hat{J}}{\omega C}$$

$$\hat{U} = \frac{C_o}{C} \cdot \hat{U}_o \qquad (5.1)$$

wobei C die von Innenelektrodenstirnfläche und Werkstückoberfläche gebildete Kapazität darstellt.

Setzt man

$$C = \epsilon_o \cdot \epsilon_r \cdot \frac{F}{d} \qquad (5.2)$$

F = Stirnfläche der Innenelektrode
d = Abstand Stirnfläche Werkstück
ϵ_o = absolute Dielektrizitätskonstante
ϵ_r = relative Dielektrizitätskonstante des
Mediums zwischen Geber und Werkstück

so erhält man für $\hat{U}$

$$\hat{U} = \frac{C_o}{\epsilon_o \cdot \epsilon_r \cdot F} \cdot \hat{U}_o \cdot d \qquad (5.3)$$

d.h. die Amplitude der Ausgangsspannung des Verstärkers
ist dem Abstand d der Kondensatorplatten direkt proportional.
Dieser Zusammenhang ist für eine Messung von d nur nutzbar,
wenn alle anderen Parameter konstant bleiben und die Homogenität des Feldes gewahrt bleibt. Während die Größen $\hat{U}_o$, C_o,
ϵ_o und F mit großer Genauigkeit konstant gehalten werden
können, muß man für die Einhaltung einer gleichbleibenden
relativen Dielektrizitätskonstanten und einer guten Elektrodenisolation bei der Geberanwendung gesonderte Maßnahmen er-
greifen. Wie wichtig das Schutzringprinzip für die Anwendung
kleiner und kleinster Geber ist, läßt sich anhand eines
Vergleichs zwischen der für die Abstandsmessung nutzbaren
Kapazität nach Gleichung (5.2) und den Zuleitungskapazitäten

ermessen. Bei einem Innenelektrodendurchmesser von 2,5 mm ergibt sich z.B. für $\epsilon_r = 1$ und einem Abstand d = 0,35 mm eine Meßkapazität von C = 1,24 · 10^{-13}F, während Zuleitungs- und Schaltkapazitäten in der Größenordnung von $10^{-10} - 10^{-12}$F liegen. Ohne Schutzring wären diese Kapazitäten der Meßkapazität parallelgeschaltet und würden sowohl die Empfindlichkeit des Sensors als auch seine Linearität stark herabsetzen. Doch auch im Falle der Verwendung des Schutzringprinzips sind Grenzen des Verfahrens zu beachten, die teils durch Eigenschaften der Zwischenschaltung und teils durch die geometrische Ausbildung des Feldes im Meßkondensator gegeben sind. So brächte die Verkleinerung der Geberabmessungen gleich zwei Vorteile, nämlich bessere Einbaumöglichkeiten und eine Erhöhung der Empfindlichkeit. Hier muß man aber eine Verkleinerung des Meßbereiches und damit des Sicherheitsabstandes hinnehmen, da trotz Schutzring bei zu großen Abständen zwischen Geber und Werkstück mit einem homogenen Feld im Meßbereich nicht gerechnet werden darf, weil den Geber umgebende Metallteile des Werkzeugs das Feld stark verzerren und die Empfindlichkeit herabsetzen. Gleichzeitig führt eine zu kleine Meßkapazität (durch kleine Elektrodenstirnfläche und großen Abstand) zu immer ungünstigeren Verhältnissen zwischen Meß-, Schutzring- und Kabelkapazitäten, so daß sowohl Verstärker als auch Kabelzuführung in ihren Eigenschaften nicht entsprechend ausgelegt werden können.

Der für die prozeßbegleitende Verschleißmessung nach dem Schutzringprinzip aufgebaute kapazitive Abstandssensor hatte folgende Eigenschaften:

Außendurchmesses des Gebers: 2,4 mm
(Elektroden und Isolation)

Länge des Gebers: 14 mm

Platzbedarf der Zwischen-   3 Platinen im
schaltung: Format 90 x 100 x 12,5 mm^3

Gewicht der Zwischenschaltung: 200 g

Meßbereich: 0,4 mm

Empfindlichkeit: 25 mV/µm

Ausgangsspannung: 0...10 V

Frequenzgang: 0...1 kHz ± 1 % Abweichung

Meßunsicherheit: kleiner 0,3 µm infolge
                               Brumm und Rauschen der
                               Meßwandlerschaltung

Linearität: Abweichung von einer Geraden
                               im ganzen Meßbereich kleiner
                               als 2 µm

Temperaturgang des
Nullpunkts: 0,3 mV/°C

Die im Bild 5-7 gezeigte Kennlinie wurde im klimatisierten
Raum durch Verschieben des Schlittens eines Universalmeß-
mikroskopes[1] gegen den Geber aufgenommen. Die Ablesegenauigkeit für die Schlittenverschiebung liegt an diesem Gerät
bei 1 µm.

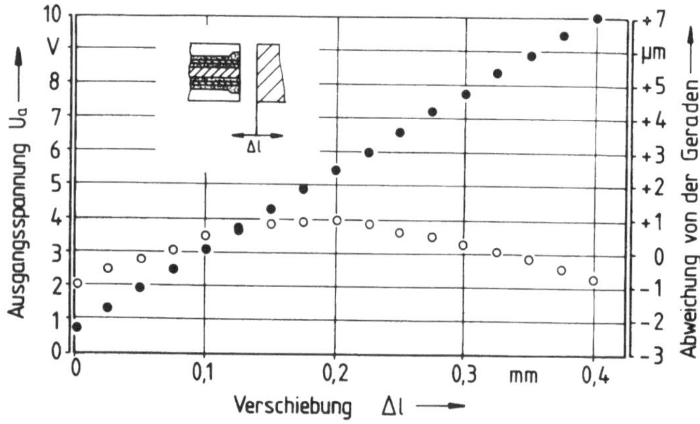

Bild 5-7   Kennlinie und Linearität des kapazitiven
           Abstandsmessers

[1] Typ UMM 200/100 (Hersteller: Fa. Carl Zeiss, Oberkochen)

Wie man anhand von Bild 5-7 erkennen kann hat der kapazitive Abstandssensor eine Kennlinie mit guter Linearität bei ausreichend großem Meßbereich von 0,4 mm, welcher dem möglichen Sicherheitsabstand des Gebers vom Werkstück zugute kommt. Dies wurde mit einem Geber erreicht, der an der dicksten Stelle einen Durchmesser von 2,4 mm besitzt und zwar dadurch, daß Innenelektrode, Schutzring, Isolation und Montagebohrung in ihren Abmessungen so gewählt wurden, daß der beste Kompromiß zwischen Herstellbarkeit des Gebers und Eigenschaften seiner Kennlinie zustande kam. Die konstruktive Lösung für den Geberaufbau und den Kabelanschluß ist in Bild 5-8 gezeigt.

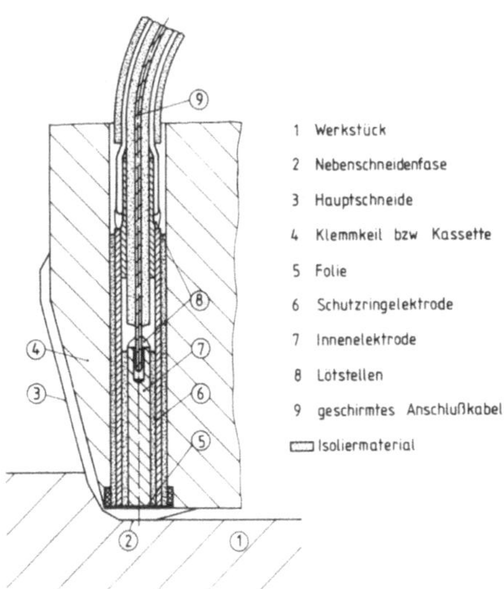

Bild 5-8   Aufbau des kapazitiven Abstandssensors und
           seine Lage zu den Schneidkanten

Es handelt sich um einen Geber mit den weiter oben angegebenen Daten. Elektroden und Isolierkörper wurden getrennt hergestellt und nach dem Kontaktieren des Anschlußkabels miteinander verklebt. Die Elektroden wurden aus Nickelstahl

mit niedrigem Temperaturausdehnungskoeffizienten gefertigt.
Da an der Einbaustelle des Gebers mit Temperaturen bis zu
200°C gerechnet werden mußte, war eine sorgfältige Auswahl
des Isolierstoffes und des Klebers nötig. Durch Verwenden
von Polyimid Kunststoff und einem bis 300°C beständigen
Klebstoff auf Epoxydharzbasis (beides ist erst in neuerer
Zeit auf dem Markt erhältlich) ließ sich dieses Problem
lösen, ohne daß man auf schwieriger zu verarbeitende Iso-
liermaterialien wie Glas, Keramik o.ä. übergehen mußte.
Bei einem Innenelektrodendurchmesser von 1,4 mm und einer
als Röhrchen ausgebildeten Schutzringelektrode von Innen-
durchmesser 1,7 und Außendurchmesser 2,1 mm, beträgt die
Wanddicke der Isolation 0,15 mm. Fertigungstechnisch wurde
diese Wandstärke dadurch erreicht, daß zunächst ein relativ
dickwandiges Rohr (1 mm) mit einer zu dem jeweiligen Außendurchmesser der Elektroden passenden Bohrung gedreht wurde.
Elektroden und Kunststoffrohre wurden sodann miteinander
verklebt und danach die Isolation durch Außendrehen auf die
erforderliche Wandstärke gebracht. Auf diese Weise wurden
Gebervarianten bis herab zu Außendurchmessern von 1,5 mm
gefertigt und mit Isolationswandstärken von 0,1 mm versehen, ohne daß Kurzschlußbildung bei der Bearbeitung,
Montage oder Anbringung des Verbindungskabels auftrat.
Diese kleinen Geber erbrachten bei ausreichender Linearität der Kennlinie allerdings einen zu geringen Meßbereich
und somit einen zu kleinen Sicherheitsabstand. Die in
Bild 5-9 gezeigte Aufweitung am Ende der Bohrung zur
Geberaufnahme im Messerkopf dient gleichfalls zur Vergrößerung des Meßbereichs bei gleichbleibender Linearität.

Die relativ einfach zu fertigenden Geber sind damit im
Falle einer Zerstörung mit geringem Kostenaufwand er-
setzbar.

Die Bilder 5-9 und 5-10 zeigen Lösungen für den Einbau
von Temperatur- und Verschleißgeber in zwei Messerkopf-
varianten.

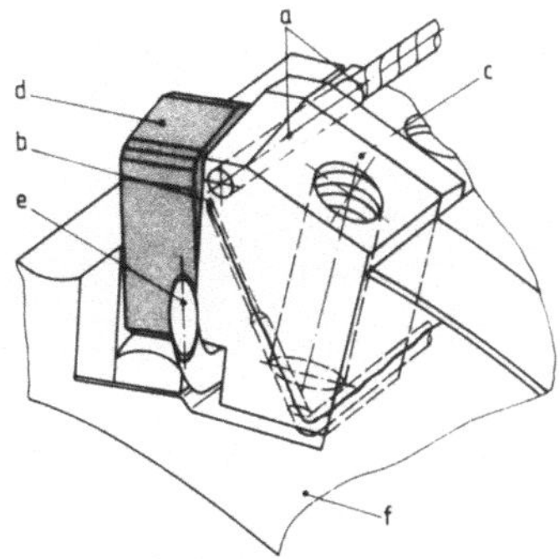

Bild 5-9   Gebereinbau bei keilgeklemmten Wendeschneid-
           platten

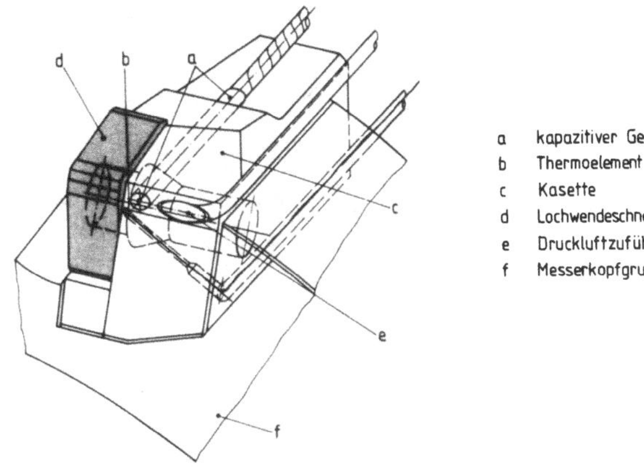

Bild 5-10   Gebereinbau in der Kassette für die Klemmung
            von Lochwendeplatten

Sowohl im Klemmkeil als auch in der Kassette der beiden
gezeigten Klemmvarianten für Wendeschneidplatten war ausreichend Platz für den Einbau der konstruierten Geber infolge der kleinen Abmessungen. So wurden serienmäßige

Klemmkörper oder Kassetten mittels Funkenerosion (weil
gehärtet) mit entsprechenden Bohrungen versehen, in die
die Geber ohne Schwierigkeiten eingeklebt werden konnten.
Für die Thermoelemente wird hierzu ein Wärmeleitkleber
mit guter Wärmeleitfähigkeit und großer Temperaturfestigkeit
(300°) für isolierten Einbau benutzt.
In den Bildern ist gleichfalls eine auf die Sensorstirn-
fläche gerichtete Düse zu erkennen, die mit Druckluft
versorgt wird. Auf diese Weise läßt sich der Raum zwischen Geber und Werkstück von Verunreinigungen freihal-
ten, die einerseits die Isolierfähigkeit der Isolation
und andererseits die Konstanz der dielektrischen Eigenschaften des Zwischenraumes beeinträchtigen.

Zusammenfassend läßt sich sagen, daß man insbesondere
durch die erreichte geringe Baugröße und die Einfachheit
des Abstandsgebers erwarten darf, daß sich die meisten
eingangs des Abschnitts erwähnten Anforderungen mit
einem Verschleißsensor dieser Bauart erfüllen kann, so-
fern sie nicht schon durch die beschriebenen Eigenschaften,
wie im Fall der für das Fräsen wichtigen Einschwingzeit,
ausreichend erfüllt sind.

5.4 Meßsignalübertragung

Wie in Abschnitt 5.3.1 hervorgehoben wurde, ist mit dem
Einbau der Geber in das Werkzeug beim Fräsen eine Übertragung der elektrischen Meßsignale von der rotierenden
Spindel auf feststehende Maschinenteile erforderlich.
Ein verbreiteter und auch üblicher Weg, dies zu bewerk-
stelligen, ist die Anbringung von Schleifringen, die man
als Einheit aus Bürstenträger und darin gelagerter Welle
mit Schleifringen an das zugängliche Spindelende an-
flanscht oder als Kombination aus Schleifringhohlkörper
und Bürstensatz am vorhandenen Wellenstummel montiert.
Dieser Weg wurde für die Verwendung innerhalb des ACO-
Systems nicht beschritten, weil man mit Rücksicht auf die

Faktoren des industriellen Einsatzes - hohe Zuverlässigkeit gepaart mit geringsten Wartungsansprüchen - einem
berührungslosen und damit verschleißfreien Übertragungs-
verfahren den Vorzug geben wollte. Solche Übertragungs-
einrichtungen werden in der Fernmeß- und Fernwirktechnik
seit längerem angewandt, wo Meßsignale oder Stellsignale
nach geeigneter Aufbereitung meistens über einen elektro-
magnetischen Kanal, d.h. per Funk, berührungslos übertragen werden. Will man nun die Meßsignale von der rotierenden Frässpindel auf die gleiche Weise ortsfest ange-
brachten Signalauswertungseinheiten zuführen, dann müssen
auf der rotierenden Spindel Signalaufbereitungseinheiten
installiert werden, die die Meßsignale in eine für die
berührungslose Übertragung geeignete Form bringen (Bild
5-11).

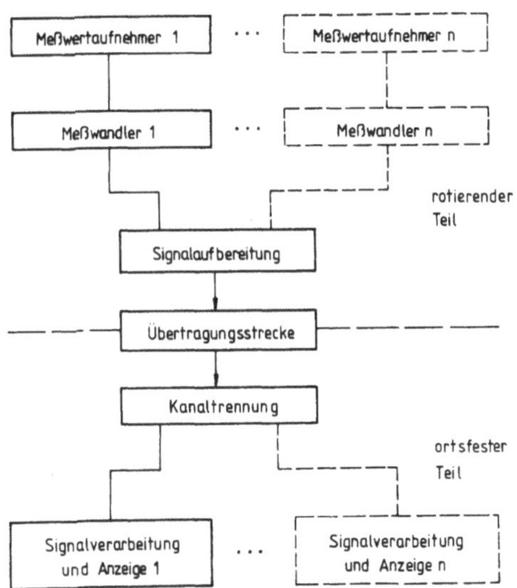

Bild 5-11 Berührungslose Meßwerterfassung an einer
          Frässpindel

Auf den ersten Blick sieht der Aufbau sehr aufwendig gemessen an einer Schleifringkonstruktion aus, weil eine
umfangreiche Elektronik auf der Spindel montiert werden
muß. Bei den vorkommenden kleinen Gebersignalen und den
zu erwartenden Störkapazitäten beim Verlängern des An-

schlußkabels vom kapazitiven Abstandgeber müssen auch im
Fall des Schleifringeinsatzes alle Meßwertwandler auf der
Spindel montiert und mit Energie versorgt werden. In den
folgenden Abschnitten soll dargelegt werden, wie mit mo-
dernen Halbleiterbausteinen ein berührungsloses Übertra-
gungssystem aufgebaut wurde, das äußerst variabel an den
Kanal- und/oder Bandbreitenbedarf der Meßstellen anpaßbar
und konstruktiv für den Einsatz an einer Vertikalfräsmaschine ausgelegt ist.

5.4.1 Anforderungen

Zunächst seien die Anforderungen an den elektrischen Teil
des Systems und dann die Anforderungen an den mechanischen
Aufbau genannt.
Zur Erfassung der Sensormeßwerte müssen mindestens drei
Signale gleichzeitig übertragbar sein, es war aber wünschenswert, daß für Versuchszwecke in der Testphase der
Sensoren und des ACO-Reglers mehr Meßkanäle zur Verfügung
stehen. Die durch Meßwertaufnehmer und -wandler gegebene
Auflösung und Dynamik des Meßsignals soll durch die Übertragungseinrichtung nicht verschlechtert werden. Für Verschleiß und Momentensensor ist in dieser Hinsicht eine
Bandbreite von je 1 KHz bei einer Auflösung von 0,1 % erforderlich, während der Temperatursensor an die Dynamik
der Übertragung nur geringe Anforderungen stellt. Schließlich soll der Störanfälligkeit der Übertragungseinrichtung
und insbesondere der Übertragungsstrecke gegen die in der
Umgebung der Werkzeugmaschine vorhandenen Störeinflüsse
gering sein. Als Störfaktoren kommen besonders elektrische
und magnetische Felder in Betracht, die von den Antrieben
und Schaltschützen herrühren, als auch starke Temperaturschwankungen und Schmutz. In Bezug auf die Testphase des
Systems, der Wahl der Meßstellen und Gebervarianten war es
weiterhin wünschenswert, die Zuordnung von Meßstelle,
Kanalnummer und Bandbreite variabel und leicht änderbar
zu gestalten.

Von der mechanischen Seite her gesehen soll das Gewicht
und die Baugröße der verwendeten Baueinheiten klein und
die mechanische Festigkeit groß sein. Hier muß man bei
der Auslegung die Erschütterungen durch den Fräserzahn-
eingriff und die Fliehkräfte berücksichtigen, die je
nach Montagemöglichkeit der Bauteile an der Fräserspindel
zu einer Beschleunigung bis zu 100 g führen. (Spindeldreh-
zahl 1000 U/min, Entfernung von der Spindelachse 100 mm).
Außerdem sollen die hinzukommenden Teile die Unwucht der
Spindel nicht wesentlich verändern.

5.4.2 Aufbau des Übertragungssystems

Störungen in der berührungslosen Übertragungsstrecke kann
man schon dadurch begegnen, daß man ein Signalaufberei-
tungsverfahren wählt, das bei konstanten Störgrößen zu
möglichst geringen Übertragungsfehlern führt. Hier bietet
sich die Puls-Code-Modulation [5.17] an, die auch bei stark gestörten Übertragungsstrecken zuverlässig arbeitet, weil
die Signalinformation dem Signalträger wie in der Digital-
technik in Form von binären Zuständen aufgeprägt ist
(Bild 5-12 und 5-13) .

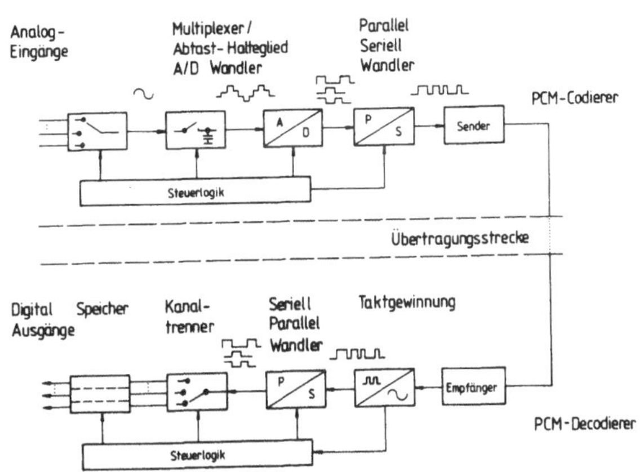

Bild 5-12   PCM-Übertragungssystem

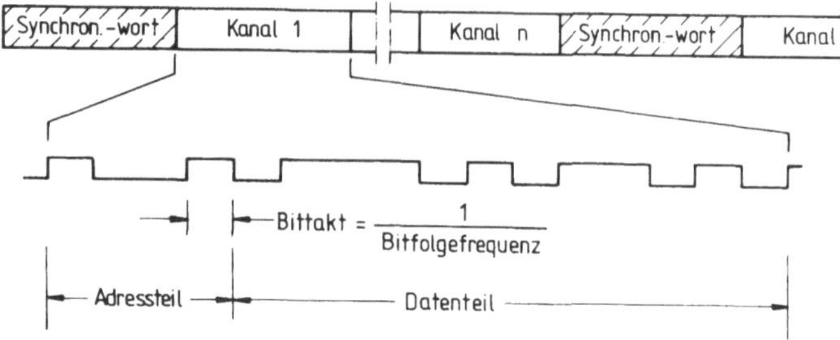

Bild 5-13   Aufbau des seriellen Signals am Ausgang des
            PCM-Codierers

Innerhalb des PCM-Codierers werden nun zur Signalaufberei-
tung zunächst die analogen Meßsignale mit einem Analog-
multiplexer angewählt, in einem Sample and Hold-Glied abgetastet und zwischengespeichert und danach mit einem
Analog-Digital-Wandler in parallele digitale Signale umge-
wandelt. Durch den nachfolgenden Parallel-Seriell-Wandler
werden die einzelnen Bits des parallelen Signals über der
Zeit gesehen seriell angeordnet und gelangen über einen
Codewandler zur Übertragungsstrecke. Ein digitaler Steuer-
teil sorgt für die Auswahl der Meßstellen und blendet ein
Synchronisierzeichen in den seriellen Bitstrom ein, das
ein Wiederauffinden der einzelnen Meßwerte im PCM-Dekodie-
rer ermöglicht (Bild 5-13).
Bild 5-14 zeigt das bausteinorientierte Blockschaltbild
des entwickelten PCM-Codierers.
Zur Aufbereitung der analogen Meßsignale in digitale
parallele Signale wird hier ein sogenanntes Data-Acquisition-System verwendet, das von verschiedenen Herstellern
bereits in modularer und miniaturisierter Form angeboten
wird.

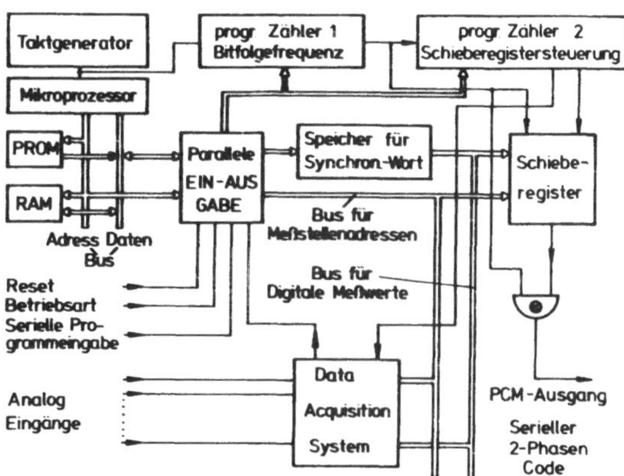

Bild 5-14   Blockschaltbild des PCM-Codierers

Die Analogeingänge des Moduls lassen sich über Adressein-
gänge anwählen und nach dem Anstoßen des A/D-Converters
steht der digital gewandelte Meßwert an den Tri-State Aus-
gängen zur Verfügung. Dieser wird zusammen mit der Meß-
stellenadresse in ein Schieberegister parallel geladen und
mit Hilfe des Bittaktes von der Steuerlogik seriell ausgegeben.
Die Steuerlogik selbst besteht im wesentlichen aus einem
Mikro-Prozessor mit paralleler Ein-Ausgabe-Schnittstelle
sowie einem Taktgenerator, 512 Byte RAM, 32 Byte ROM und
zwei programmierbaren Zählern. Sämtliche Steuerinformationen
und -anweisungen für den PCM-Codierer liegen in Form eines
Software-Programmes vor, welches im RAM abgespeichert werden
kann. Dieses Programm gibt an, an welcher Stelle im seriellen
Bitstrom der einzelne Meßwert erscheint und mit welcher
Häufigkeit ein bestimmtes Meßsignal (zeitlich gesehen) abgetastet wird, wo und wann Synchronisierzeichen im Bitstrom
vorkommen und wie sie aussehen. Zusätzlich kann die Über-
tragungsgeschwindigkeit in der Übertragungsstrecke programmiert
werden. Als Programmierhilfe wurde am Prozeßrechner ein Inter-
preter erstellt, mit dem man das Mikroprozessorprogramm am

Prozeßrechner in einen gedachten RAM-Speicher auf der Magnetplatte ablegen kann. Über einen Anschluß der Ein-Ausgabe-Schnittstelle läßt sich dieser Speicherinhalt seriell über ein Koaxialkabel in den RAM-Speicher des PCM-Codierers übertragen, wozu das Leseprogramm im Festspeicher (ROM) gebraucht wird. Nach dem Start des Programmes über die Schalter, Betriebsart und Reset werden die Meßstellen im programmierten Rhythmus abgetastet und das programmierte Synchronisierzeichen in den Datenstrom eingefügt. Die beiden erwähnten Zähler erlauben eine (Software-) Programmierung der Bitfolgefrequenz in der Übertragungsstrecke (Bild 5-13), d.h. der Schiebefrequenz des Schieberegisters und die Steuerung von Data-Acquisition-System und Schieberegister.

Das einfachste Meßprogramm sieht so aus, daß nach Durchlaufen einer Initialisierungsroutine, wo Zähler und Synchronisierwortspeicher mit Daten versorgt werden, in einer Programmschleife eine Folge von beliebigen Meßstellenadressen (inclusive Synchronisierwortadresse), die in einanderfolgenden Speicherplätzen bereit stehen, an ein genügend schnelles Data-Acquisition-System ausgegeben werden. Der Mikroprozessor erreicht bei diesem Programm die höchstmögliche Umschaltfrequenz für den Meßstellenwähler, welche bei dem verwendeten Prozessortyp[1] durch die Programmlaufzeit bei ca. 45 kHz liegt. Damit können die Eingangssignale alle 22 μs einmal abgetastet werden, was nach dem Abtasttheorem bedeutet, daß ein Signal mit der Bandbreite

$$f_{max} \leqslant \frac{1}{2\,T_{abtast}}$$

nach der Übertragung theoretisch unverfälscht regeneriert werden kann. In der Praxis muß aber der höchste im Signal vorkommende Frequenzanteil mindestens fünf mal pro Periode abgetastet werden, um mit wirtschaftlichem Aufwand die entstehenden Amplitudenfehler klein halten zu können [5.18].

---

[1] Typ: MC 6800 (Hersteller:Motorola Inc. Phoenix, Arizona, USA)

Unter diesem Gesichtspunkt liegt die für die Übertragung
nutzbare Bandbreite des Systems bei

$$f_{max} = \frac{1}{5 \cdot 22 \mu s} = 9,1 \text{ kHz}$$

Bei der gleichzeitigen Übertragung von den am Data-Acqui-
sition-Systems maximal anschließbaren acht Meßsignalen ergibt sich beim schnellsten Abtastprogramm im Zeitmultiplex-
betrieb eine Bandbreite von 1 kHz pro Kanal, wenn pro
Zyklus ein Synchronisierwort mitgesendet wird.
Die Anpassung des PCM-Codierers an die Eigenschaften der
zu übertragenden Meßsignale und der Übertragungsstrecke
kann einfach per Software erfolgen. So kann man "langsame"
Meßsignale weniger häufig abtasten als "schnelle" und erreicht somit bei gleicher Bitfolgefrequenz im Übertragungs-
kanal, daß die Anzahl der übertragbaren Kanäle zunimmt.
Auf ähnliche Art und Weise kann man ohne Reduzierung der
Anzahl übertragbarer Meßsignale die Bitfolgefrequenz in der
Übertragungsstrecke erniedrigen, falls sie die Anforderungen
an die Bandbreite nicht erfüllt (Über- bzw. Unterkommutie-
rung s. [5.18]). Bei Ausnutzung der höchsten Abtastfrequenz
und der Verwendung von 16-Bit-Datenworten ergibt sich eine
maximale Bitfolgefrequenz von 16 x 45 kHz = 0,72 MHz in der
Übertragungsstrecke. Nach dem Nyquist Theorem muß die Übertragungsstrecke dann eine Bandbreite von wenigstens der
doppelten Bitfolgefrequenz besitzen, d.h. 1,4 MHz. Ein
Datenwort setzt sich aus einem 12-Bit-Digitalmeßwert des
wegen der erforderlichen Genauigkeit verwendeten Data-
Acquisition-System[1] und einer 4-Bit-Meßstellenadresse zusammen, wobei letztere zur Vereinfachung des Decodierers
und zur Erhöhung der Störsicherheit mit übertragen wird.
Da vom Taktgenerator des Mikroprozessors ein 1 MHz Takt
zur Verfügung stand wurde die höchste Schieberegisterfre-
quenz von 1 MHz gewählt. Hierdurch kommen zu den 16 Bit des
Datenwortes weitere 6 Bit hinzu, die zur Überprüfung des
Wortes im Decodierer genutzt werden können. Der aus dem
Schieberegister kommende serielle Bitstrom (NRZ-Code) wird

[1] Typ: MDAS-8D
(Hersteller: Datel-Systems, Inc., Canton Mass. USA)

Über ein Exclusive-Or-Glied mit dem Schiebetakt verknüpft und es entsteht ein sogenannter 2-Phasencode (Biphase-Manchester), der eine zuverlässigere Decodierung ermöglicht. Wie man in Bild 5-15 sehen kann, werden auch bei längeren Bitphasen ohne Flanken im ursprünglichen Code, durch die Codeumsetzung genügend Flanken hinzugefügt, so daß der Bittakt auf der Decoderseite leicht auffindbar und häufig synchronisierbar ist.

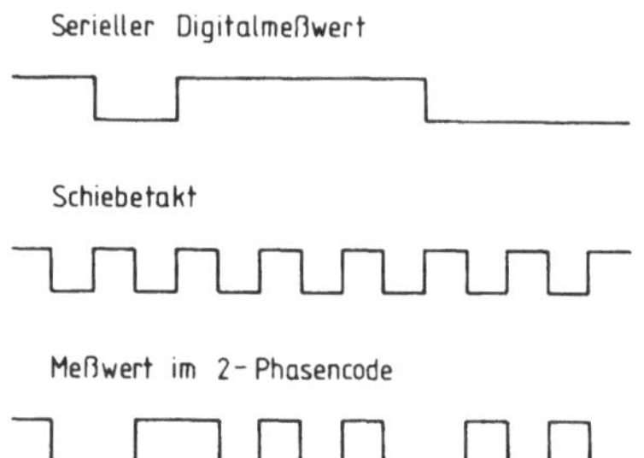

Bild 5-15 Codewandlung

Die erforderliche Bandbreite der Übertragungsstrecke erhöht sich allerdings hierdurch auf mindestens 4 MHz, sie ist aber dennoch bei vielen Übertragungsstrecken gegeben.

Die Bauteile des Codierers waren ohne Schwierigkeiten auf zwei gedruckten Platinen im Format 90 x 100 x 10 mm^3 unterzubringen, so daß Baugröße und Gewicht sich in dem Rahmen hielten, den man von den Meßwandlern her gewohnt war. Da eine Frässpindel an der vom Werkzeug abgewandten Seite meist ein axial zugängliches freies Wellenende besitzt, lag der Gedanke nahe, dort eine optische Übertragungsstrecke in Verbindung mit einer induktiven berührungslosen Energiezuführung zu installieren. Die konstruktive Ausführung einer solchen Koppelungseinheit zeigt Bild 5-16. Der Sender optischer Signale besteht aus einer in der Drehachse der Spindel montierten Leuchtdiode (LED), der Empfänger aus einer auf gleicher Achse gegenüberliegenden feststehenden Photodiode.

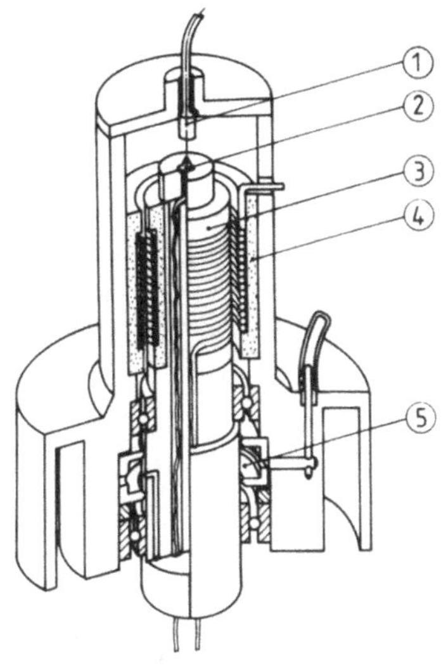

Bild 5-16   Koppelungseinheit

Die optische Übertragungsstrecke erlaubt in dieser Anordnung sehr kleine Baugrößen von Sender und Empfänger und ist
zudem unempfindlich gegen elektrische und magnetische Stör-
felder. Die Ansteuerung des Senders erforderte auch keinen
zusätzlichen Aufwand, da die LED direkt an den TTL-Ausgang
des Codewandlers angeschlossen werden konnte. Durch unge-
naue Justierung von LED und Photodiode kann bei der Drehung
der Spindel die Intensität des Lichtes am Empfänger schwan-
ken. Dies ist aber äußerst unkritisch, da auch bei sorg-
loser Anbringung die Intensitätsschwankungen durch die
Spindeldrehung unter der Störschwelle des PCM-Signals liegen.

Mit der induktiven Energieübertragung ist eine wartungs-
freie und zuverlässige Stromversorgung der rotierenden
elektronischen Einheiten über große Zeiträume sicherge-
stellt. Gleichzeitig ist eine solche Energiequelle bei
entsprechender Auslegung stärker belastbar als Batterien

mit notwendigerweise kleinen Abmessungen, so daß der
Engerieverbrauch der Schaltungen beim Entwurf nicht so
stark berücksichtigt werden muß. Dies ist speziell für
den Codiererentwurf von Vorteil, der bei der geforderten
digitalen Bearbeitungsgeschwindigkeit in der ausgeführten Version aus einer 5 V-Quelle einen Strom von 500 mA
entnahm.

Damit man die Bauteile der Stromversorgung wie der in
Bild 5-16 gezeigte koaxiale Transformator, den Gleich-
richter, die Ladekondensatoren und die Stabilisierungs-
elektronik in der Baugröße klein dimensionieren konnte,
wurde ein relativ hochfrequente Versorgungswechsel-
spannung von 20 kHz gewählt. Der Transformatorkern besteht deswegen aus Ferritmaterial und hat auf der Primärseite die Außenabmessungen von 50 mm Durchmesser bei
einer Länge von 35 mm. Bei dem vorgesehenen Luftspalt
von 1 mm zwischen Primär- und Sekundärseite genügte auf
beiden Seiten eine Wicklung von je 25 Windungen Kupfer-
lackdraht (Ø 0,5 mm). Nach Gleichrichtung und Stabilisierung der drei benötigten Gleichspannungen von + 5 V
und $\pm$ 15 V ließ sich insgesamt eine Gleichstromleistung
von 15 Watt entnehmen, wobei die hierfür auf der Spindel
montierte Elektronik einen Raum von 70 x 90 x 12 mm^3
einnahm.

Neben den elektrischen und elektronischen Einheiten ist
in Bild 5-16 die Einrichtung zur Druckluftübertragung
gezeigt, die die in Abschnitt 5.3.3 erwähnte Freiblasdüse für den Verschleißsensor versorgt.

Bild 5-17 zeigt das bausteinorientierte Blockschaltbild
des PCM-Decodierers.

Das von der Photodiode empfangene Signal wird hier zunächst verstärkt und begrenzt und dannach der 2-Phasen-
code wieder in den NRZ-Code, der ja die serielle Anordnung von Meßwerten, Adressen, Prüf- und Synchronisierzeichen darstellt, zurückgewandelt.

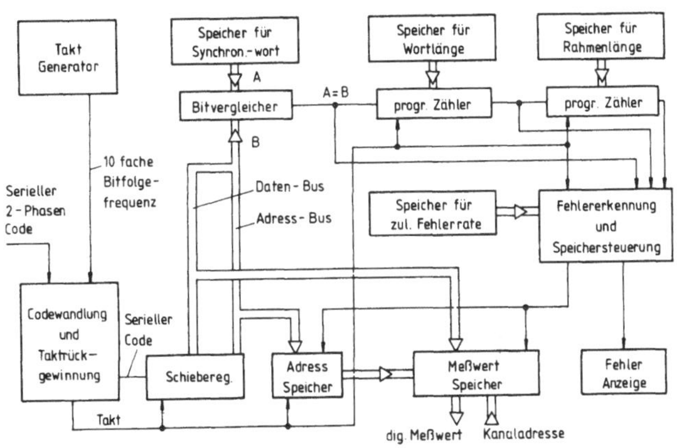

Bild 5-17   Blockschaltbild des PCM-Decodierers

Dies geschieht durch Abtasten des 2-Phasensignals mit
einem Rechtecktakt von zehnfacher Bitfolgefrequenz und
nachträglicher Verarbeitung in einem Schaltwerk, das einen
synchronen Bittakt und das NRZ-Signal liefert. Mit Hilfe
des Bittaktes kann das serielle Digitalsignal dann zur
Seriell-Parallel-Wandlung in ein Schieberegister geschoben werden, dessen paralleles Ausgangssignal über Bitvergleicher ständig mit dem programmierten Synchronisierwort
verglichen wird. Nach einem ersten Auffinden des Synchroni-
sierwortes wird in einer Prüfphase mit Hilfe von programmierbaren Bit- und Wortzählern untersucht, ob das gesendete Synchronisierwort mehrere Male richtig und auch an der richtigen
Stelle im Datenstrom vorkommt und daraufhin das Einschreiben
des Schieberegisterinhaltes in einen Zwischenspeicher erlaubt. Die im übertragenen Signal vorhandene Meßstellen-
adresse wird dabei zur Speicheradressierung benutzt. Ein
fehlerhaftes Synchronisierwort oder ein Ausbleiben desselben
zum erwarteten Zeitpunkt bewirken eine Schreibsperre für den
Speicher und das Setzen der Anzeige "nicht synchron".

In dem genannten Zwischenspeicher stehen immer die zu-
letzt abgetasteten Meßwerte bereit und könnten nun
zwischen den Abtastzeitpunkten für die Weiterverarbei-
tung im Prozeßrechner gelesen werden. Um den Aufwand
für Meßstellenverwaltung und Meßwertaufbereitung im
Prozeßrechner klein zu halten (s. Anfang Abschnitt 5)
wird jedoch zunächst eine elektronische Vorverarbeitung
der Meßwerte durchgeführt, die im folgenden Abschnitt
beschrieben wird.

5.5 Elektronische Vorauswertung der Meßsignale

Einen großen Anteil an Meßwertverarbeitungsaufgaben
kann man dem Rechner dadurch abnehmen, daß man aus den
Signalverläufen der Meßwandlersignale repräsentative
Merkmale für die Prozeßkenngrößen auswählt. Für die
Bildung eines Verschleißmeßwertes sind beispielsweise
nur diejenigen Abstandsmeßwerte von Interesse, die gemessen werden, wenn sich der Abstandsgeber über dem
Werkstück befindet. Gleichfalls kann es für die Bewertung des Spindelmoments günstig sein, aus dem
schwankenden Verlauf den maximalen Wert herauszufiltern.
Auf diese Art und Weise steht dann dem Prozeßrechner zu
beliebigen Zeiten ein sinnvoller Meßwert zur Verfügung,
ohne daß er den schnellen Meßsignalverlauf verfolgen
und bewerten muß oder mit der Spindel synchronisiert zu
sein braucht.

Im realisierten Meßwerterfassungssystem werden diese
Aufgaben der Meßwertvorverarbeitung von einer digitalen
Schaltung übernommen, die in der Lage ist, einen relativen Extremwert in der abgetasteten Zeitfunktion des
Meßsignals zu erkennen und festzuhalten. Bild 5-18
zeigt auf welche Weise das Signal des kapazitiven Verschleißsensors durch die verarbeitende Schaltung umge-
formt wird.

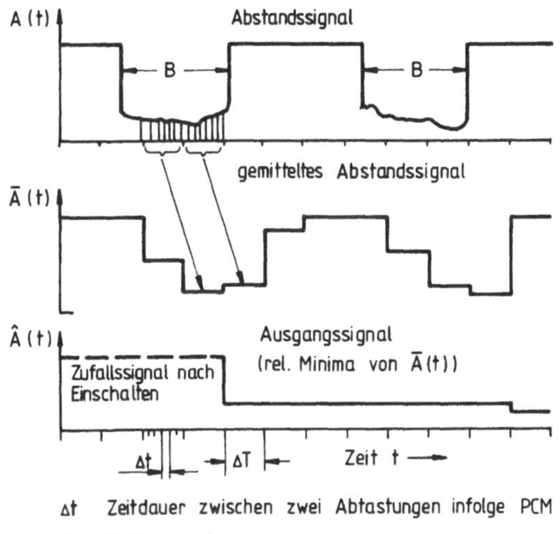

Bild 5-18 Signalvorverarbeitung für Verschleißmeßwerte

Der Verschleißsensor liefert das Abstandssignal A(t),
wenn sich der Geber während einer Messerkopfumdrehung
nicht ständig über dem Werkstück befindet. Für die Bildung des Verschleißmeßwertes ist nur der Signalverlauf
innerhalb der Zeitabschnitte "B" interessant, in der
übrigen Zeit liegt der Meßwandler an der Begrenzung, d.h.
der Abstandsmeßbereich ist überschritten. Der minimale
Abstand Geber-Werkstück im Zeitbereich "B" wird nun als
repräsentativer Meßwert für den Schneidkantenversatz
angesehen. Er wird gewonnen, indem man an drei hinter-
einander abgetasteten Meßwerten A(t), A(t-ΔT), A(t-2ΔT)
untersucht, ob die Bedingung

$$A(t-2\Delta T) > A(t-\Delta T) < A(t) \qquad (5.4)$$

für ein relatives Minimum an der Stelle A(t-ΔT) erfüllt
ist. Würde man nun jeden übertragenen Meßwert für diese
Entscheidung nutzen, so würden infolge der Schnelligkeit

- 58 -

dieser Abtastung wegen $\Delta t << \Delta T$ auch sehr kleine Subminima
erfaßt und die Funktionsfähigkeit der Entscheidungslogik
wäre durch Störungen und auftretende Schwingungen des
Messerkopfes o.ä. gefährdet. Deswegen werden zunächst
über größere Zeitabstände ΔT Mittelwerte gebildet(Zwischen-
signal $\overline{A}(t)$ in Bild 5-18), aus denen dann erst die Entscheidung auf relative Minima abgeleitet wird. Erfüllt ein
Mittelwert die Bedingung (5.4) wird er in einen Speicher
übernommen auf den der Prozeßrechner zum Zwecke der Weiter-
verarbeitung zugreifen kann. Mit dem erneuten Auftreten
eines Subminimums wird der alte Wert im Speicher über-
schrieben, gleichgültig ob das neue Subminimum absolut
kleiner als das Alte ist oder nicht. Das Abspeichern des
absolut kleinsten auftretenden Abstandsmeßwertes erscheint
nicht angebracht, da eine einmalig auftretende Störung die
Meßwerterfassung sinnlos werden ließe.

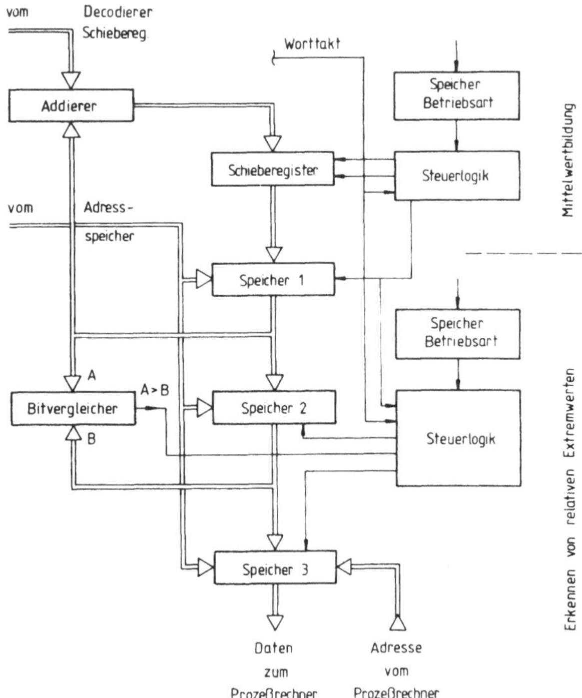

Bild 5-19   Blockschaltbild der Meßwertvorverarbeitung

Die ausgeführte Schaltung wurde in den PCM-Decodierer
(Bild 5-17) zwischen Schieberegister und Meßwertspeicher
eingegliedert und ist gemäß Bild 5-19 aufgebaut.

Abhängig von der eingestellten Betriebsart für die Mittelwertbildung werden nun die abgetasteten Meßsignale einer
bestimmten Meßstelle über eine bestimmte Zeitdauer jeweils
gemittelt. Zunächst werden die vom Decoderschieberegister
kommenden Meßdaten summiert, wobei die Zwischensumme im
Speicher 1 aufbewahrt wird.
Nach der Addition des letzten Datenwortes innerhalb der
zu mittelnden Gruppe im Addierer, steht die Summe vorerst
im Schieberegister, wo sie durch einen Schiebetakt durch
die Anzahl der akkumulierten Meßwerte dividiert wird. Der
entstehende Mittelwert wird dann der nachfolgenden Schaltung zur Erkennung eines relativen Extremwertes zugeführt.
Auch hier läßt sich durch die Wahl der Betriebsart indivi-
duell für jede Meßstelle festlegen, ob auf relatives Minimum oder Maximum erkannt werden soll, oder ob die Schaltung
überhaupt keine Wirkung auf ein Meßsignal hat. Im Speicher 2
befindet sich der vergangene Mittelwert $\overline{A}(t-\Delta T)$, der mit dem
neuen Mittelwert $\overline{A}(t)$ im Bitvergleicher auf die Bedingung
$\overline{A}(t) > \overline{A}(t-\Delta T)$ getestet wird. Zusammen mit dem innerhalb der
Steuerlogik in D-Flip-Flops festgehaltenen letzten Tester-
gebnis auf $\overline{A}(t-\Delta T) > A(t-2\Delta T)$ kann nun entschieden werden,
ob ein relatives Extrem vorliegt und welcher Art es ist
und daraufhin der Inhalt von Speicher 2 gegebenenfalls in
den Speicher 3 übernommen werden bevor jener durch den neuen
Mittelwert $\overline{A}(t)$ ersetzt wird. Die Entscheidungsfindung geschieht nach folgendem Muster

$A(t) > A(t-\Delta T)$ und $A(t-\Delta T) \leq A(t-2\Delta T)$ rel. Minimum
                                                         bei $A(t-\Delta T)$

$A(t) \leq A(t-\Delta T)$ und $A(t-\Delta T) > A(t-2\Delta T)$ rel. Maximum
                                                         bei $A(t-\Delta T)$

Der Prozeßrechner kann durch Adressierung der entsprechenden
Meßstelle auf einen bestimmten Meßwert in Speicher 3 zugreifen. Da Schreib- und Leseleitungen bei diesem Speicher
getrennt adressierbar sind, muß lediglich vermieden werden,
daß ein und derselbe Speicherplatz gleichzeitig gelesen
und beschrieben wird. Dies könnte sonst zu Fehlinterpreta-
tionen des Meßsignals führen, wenn sich der Wert während
des Lesens verändert.

Mit Blick auf Bild 5-18 wird also durch die hardware-mäßige
Meßwertvorverarbeitung bei jeder Umdrehung des Messerkopfes
ein neuer Meßwert erzeugt, der frei von Einflüssen durch
die Geometrie des Werkstücks und den Fräsereingriffsverhält-
nissen einen sinnvollen Wert für die Messung des Schneidkantenversatzes darstellt. Dieselben Vorteile ergeben sich
bei der Verarbeitung des Spindeldrehmomentes, wo Drehmoment-
lücken und periodische Schwankungen die Software-Meßwertver-
arbeitung erschweren.
Weiterhin ist beachtenswert, daß als Eingangsinformation
für die Vorverarbeitung nur das Meßsignal selbst genutzt
wird und keine zusätzliche Synchronisierinformation über
Fräserlage, Werkstücklage und Fräserbahn notwendig ist.

6. FRÄSVERSUCHE

6.1 <u>Versuchsziele, Versuchsumfang und Versuchsbedingungen</u>

Im Laufe der durchgeführten Untersuchungen sollte zunächst
geklärt werden, wie sich die entwickelten Sensoren im Betrieb an der Fräsmaschinen verhalten. Im Vordergrund standen
dabei die Fragen nach dem Einsatzbereich, der Zuverlässigkeit und der Meßgenauigkeit, die insbesondere den Verschleißsensor betrafen. Einflüsse auf diese Eigenschaften der Sensoren mußten erkannt und ihre störende Wirkung durch geeignete Maßnahmen vermindert oder wenn möglich, beseitigt
werden.
Weitere Versuchsreihen bei konstanten und variierenden
Schnittbedingungen über der Standzeit dienten zur Erweite-
rung der Kenntnis des Fräsprozesses soweit diese für die
Konstruktion des ACO-Reglers von Bedeutung war. Eine Vielzahl von Einflußgrößen auf Zerspankräfte und Werkzeugverschleiß beim Messerkopffräsen sind nämlich bereits in [5.2]
und [5.7] in ihren qualitativen und quantitativen Auswirkungen beschrieben, wobei die Zerspanungsbedingungen über
der Standzeit möglichst konstant gehalten wurden. Dies
sollte in der geplanten Versuchsreihe bei konstanten Schnittbedingungen nicht weiter fortgesetzt werden, obgleich noch
viele Varianten möglicher Einflußfaktoren untersucht werden
müßten, um ein vollständiges Bild des Fräsprozesses zu erhalten. Die zu diesem Problemkreis eher stichprobenartig
durchgeführten Versuche sollten vielmehr anhand ausgewähl-
ter Schnittbedingungen eine Überprüfung der eigenen Messungen durch die Ergebnisse anderer Forscher erlauben und An-
haltspunkte für die zu erwartenden Temperaturen, Momente
und Verschleißgeschwindigkeiten liefern. Darüber hinaus wurde
angenommen, daß die gewonnenen Ergebnisse infolge ähnlicher
Voraussetzungen bei Maschine, Werkzeug und Werkstoff eine
Basis für Vergleiche mit Ergebnissen darauffolgender Versuche bei während der Standzeit variierenden Schnittbedingungen abgeben können. Auch das Ziel dieser zweiten Versuchsreihe wurde nicht darin gesehen, ein möglichst großes Spektrum

von Einflußgrößen zu erfassen, was den Rahmen der Arbeit
bei weitem überschritten hätte, sondern darin, einige
grundlegende Zusammenhänge im Prozeßverhalten zu erkennen,
besonders im Hinblick auf die in Abschnitt 4 getroffenen
Annahmen. Diese Versuche sollten daher der Beantwortung
folgender Fragen dienen:

- Wie schnell reagieren die Prozeßausgangsgrößen
  und insbesondere der Werkzeugverschleiß auf
  Veränderungen der Stellgrößen? (Ändert er sich
  gemessen an der Standzeit unmittelbar oder mit
  Verzug?)

- Spielt der, dem Zeitpunkt der Änderung voran-
  gegangene Verschleißverlauf eine Rolle für
  den auf die Änderung der Stellgrößen folgenden
  Verschleißverlauf?

- Ist die Art der Verlaufsänderung aus Verschleißkurven abzulesen, die bei über der Standzeit
  konstanten Schnittbedingungen gemessen wurden?

- Wie ist der Zusammenhang zwischen Schnittbedingungen und Verschleiß zu beschreiben oder
  gegebenenfalls zu quantifizieren, wenn die
  Stellgrößen während der Standzeit verändert
  werden?

Als Versuchswerkstoffe wurden hauptsächlich der Vergütungs-
stahl Ck45N und teilweise auch Gußeisen GG26Cr in den
Abmessungen 100 x 100 x 500 mm^3 verwendet. Die eingesetzten
Hartmetallwendeschneidplatten der Zerspanungsanwendergruppe
P 25 waren unbeschichtet und für die Zerspanung mit negati-
vem Spanwinkel vorgesehen. Plattenform[1] und Messerkopftypen[2]
bedingten eine wirksame Schneidengeometrie mit folgenden
Daten:

[1] SNAN 1204 EN nach DIN 4968

[2] NOVEX-Planfräser Typ 243 und
NOVEX-Planfräser Typ 2010 für Lochwendeschneidplatten
Hersteller: Montanwerke Walter GmbH., Tübingen

γ	a	κ	κ_F	λ	ϵ	Fasen [mm]
$-6°$	$6°$	$75°$	$60°/30°/0°$-$6°$	$90°$	$1,4/0,8/1,4$

Die Werkstücke wurden mittig plangefräst, so daß die Eingriffswinkel bei einer Fräsbreite von 100 mm und einem Messerkopfdurchmesser von 125 mm zwischen $\varphi = 37°$ und $\varphi = 143°$ lagen. Die Variation der Schnittbedingungen wurde ähnlich wie in [5.2] im wesentlichen auf Kombinationen der Schnittgeschwindigkeiten 1,25 m/s, 2 m/s, 3,15 m/s und der Vorschübe pro Zahn von 0,1 mm, 0,25 mm und 0,4 mm beschränkt und es wurde eine Schnittiefe von 1 mm eingehalten.

Die Versuche wurden meist im Einzahnbetrieb, teilweise auch mit zwei eingesetzten Wendeschneidplatten durchgeführt, letzteres um zu überprüfen, ob auch bei mehrschneidigem Werkzeug der mit dem Sensor gemessene Verschleiß für alle Schneiden repräsentativ sein kann. Als Vergleichsmeßwert wird der optisch mit dem Mikroskop ermittelte Verschleiß benutzt, der wiederholt während der Standzeit gemessen wird.

6.2 Versuchsaufbau

Bild 6-1 zeigt ein Schema der Versuchsanlage, an der sämtliche Fräsversuche durchgeführt wurden.

Sie besteht aus einer Vertikalfräsmaschine[1] mit drehzahlgeregeltem Hauptspindelantrieb und 3-Achsen CNC-Bahnsteuerung[2], einem Prozeßrechner[3] mit der dazugehörigen Ein-Ausgabe-Peripherie, der entwickelten Meßwerterfassungseinrichtung und Meßgeräten für Vergleichsmessungen und Überwachung der Meßgrößen.

Die elektronischen Einheiten der Meßwandler, des PCM-Codierers und der Stromversorgung sind ringförmig um das Gehäuse des Motorwerkzeugspanners herum angeordnet, welches am oberen Spindelende angeflanscht ist und sich so samt der Elektronik mit der Spindel dreht.

[1] Typ: PFV 10...100 (Hersteller: Fa. Gebrüder Heller, Nürtingen)
[2] Typ: Bendix Dynapath System 5 (Hersteller: Fa. Bosch, Erbach)
[3] Typ: Nova 1220 (Hersteller: Data General Corporation, Southboro, Mass., USA)

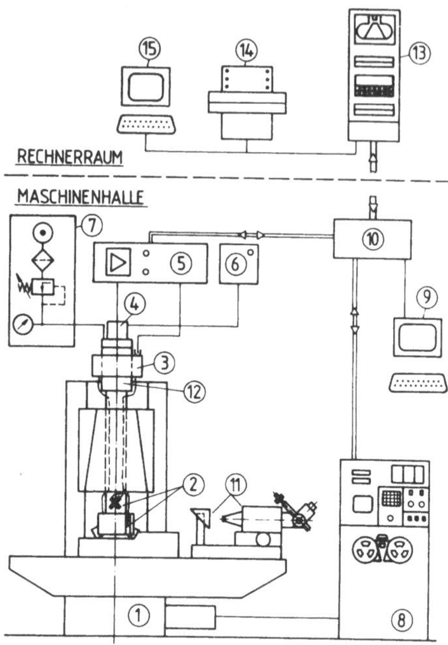

1 Vertikalfrasmaschine
2 Messerkopf mit eingebauten Gebern
3 Meßverstärker und PCM Codierer
4 Kopplungseinheit mit optischer Übertragungsstrecke, induktiver Energieübertragung und Druckluftzufuhrung
5 PCM-Decodierer
6 Sinusgenerator 20 kHz
7 Druckluftversorgung

8 CNC-Steuerung
9 Bildschirm Terminal
10 Rechneranschluß
11 Mikroskop mit Prisma
12 Motorwerkzeugspanner
13 Prozeßrechner
14 Drucker
15 Bildschirm für graphische
   Diagrammausgabe

Bild 6-1 Versuchsanlage

Ein Zapfen des Gehäuses, dessen Achse mit der Spindelachse
fluchtet, trägt die rotierende Elemente der darüber liegenden Koppelungseinheit (s.Bild 5-16), also die Sekundärseite des Transformators für die induktive Energieübertragung und die Leuchtdiode für die Meßdatenübermittlung. Der
auf dem Zapfen drehbar gelagerte, am Spindelkasten befe-
stigte Teil der Koppelungseinheit, enthält die Primärseite

des Transformators und die Photodiode zum Datenempfang.
Zum Zwecke der Leitungsführung von den Meßwertaufnehmern
zu den Meßwandlern und für die Druckluftversorgung der
Freiblasdüse waren in die Spindelwandung zwei axiale
Bohrungen eingebracht. Ist der Messerkopf samt Aufnahme-
dorn in die Spindelbohrung eingezogen und gespannt, werden
die Geber über Steckverbinder an die Zuleitungen angeschlossen. Nach dem Laden des Meßprogramms über die im
Bild 6-1 angedeutete Kabelverbindung vom Prozeßrechner
zum PCM-Codierer kann die Kabelverbindung gelöst und das
Programm über Schalter gestartet werden. Die Meßwerterfassungseinrichtung ist damit betriebsbereit.
Das auf dem Maschinentisch aufgebaute Maschinen-Meßmikros-
kop[1] mit einer Ablesegenauigkeit von 1 μm diente zur
Ermittlung von Abweichungen zwischen optisch am Werkzeug
gemessenen Verschleißgrößen und Verschleißmeßwerten, die
von den eingesetzten Verschleißsensoren stammen. Ohne
aufgesetztes Prisma läßt sich der Schneidkantenversatz
der Nebenschneidenfase direkt messen, was bei kleiner
Meßgröße zu großen Meßfehlern führt, mit aufgesetztem
Prisma mißt man die Verschleißmarkenbreite mit einer auf
den Schneidkantenversatz bezogenen größeren Auflösung,
infolge der geometrischen Beziehung zwischen beiden Meßgrößen über den Nebenschneidenfreiwinkel.

Die Steuerung des Versuchsablaufs und die Verarbeitung und
Dokumentation der Meßdaten erfolgt durch den Prozeßrechner,
der mit einem Eingabegerät vom Versuchsstand aus bedient
werden kann. Über den Rechneranschluß werden die Meßdaten eingelesen und Steuerdaten in Form von Schnittwerten an die CNC-Steuerung ausgegeben und von dort an
die Maschine weitergeleitet.

Der Programmaufbau für die Meßdateneingabe, die Meßwertverarbeitung und die Ausgabe der Steuerdaten für Fräsversuche geht aus Bild 6-2 hervor.

[1] Typ: Maschinenmeßmikroskop, Vergrößerung 30-fach
(Hersteller: Fa. Leitz, Wetzlar)

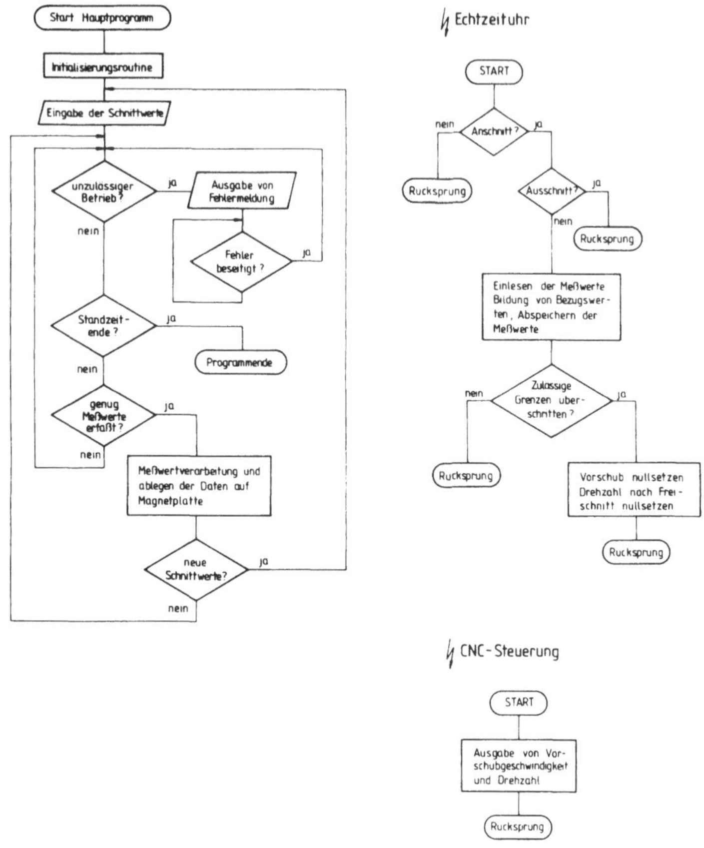

Bild 6-2   Strukturdiagramm von Meßdateneingabe, Steuer-
datenausgabe und Meßwertverarbeitung

Das Meß- und Auswerteprogramm zerfällt in die drei Teile
Hauptprogramm, Routine für Unterbrechung durch die Echtzeituhr des Prozeßrechners und Routine für Unterbrechung
durch Datenanforderung der CNC-Steuerung. Das Hauptprogramm dient der Meßwertverarbeitung, der alphanumerischen
Eingabe von Versuchsbedingungen und der alphanumerischen
und graphischen Ausgabe der Versuchsergebnisse.

In bestimmten programmierbaren Zeitabständen wird das Hauptprogramm von der Echtzeituhr unterbrochen und die dazugehörige Unterbrechungsroutine durchlaufen, wodurch die Meßwerte für die interessierenden Größen in einem bestimmten Zeitraster vorliegen, das für die Berechnung von Zeiten und Geschwindigkeiten benutzt wird. Durch Änderungen in der Software der CNC-Steuerung wird auf Anforderung der CNC-Steuerung vom Prozeßrechner im Unterbrechungsbetrieb Vorschubgeschwindigkeit und Drehzahl ausgegeben und von der CNC während der Bearbeitung eines Satzes übernommen und an der Maschine eingestellt. Durch dieses Prinzip der Beeinflussung von Schnittgeschwindigkeit und Vorschub wird der normale CNC-Betrieb nicht gestört und es kann nach wie vor die gewünschte Bahn des Fräsers programmiert werden. Weiterhin hält man sich dadurch die Möglichkeit offen, eine vorhandene CNC-Steuerung mit dem Einbau eines kompletten Rechners und wenigen Softwareänderungen zur Übernahme der Steuergrößen auf ACO-Betrieb umzurüsten. Diese Umrüstung ist am leichtesten innerhalb von Mehrprozessorsteuerungen (MPST) zu verwirklichen, die von ihrer Natur her auf den Einbau einer vollständigen Zentraleinheit für bestimmte Zwecke wie z.B. Interpolation, Satzaufbereitung o.ä. eingerichtet sind.

6.3 Verarbeitung der Meßdaten

6.3.1 Steuerung der Dateneingabe

Prozeßrechner und Meßdatenerfassung arbeiten asynchron in völlig getrennten Zeitabläufen. Die Echtzeituhr des Prozeßrechners wird mittels Software so eingestellt, daß entsprechend der Drehzahl der Spindel je ein Satz von Meßwerten pro Spindelumdrehung eingelesen wird. Auf diese Art und Weise sind in kurzer Zeit genug Meßwerte für eine statistische Behandlung der Meßgrößen vorrätig. Eine schnellere Messung ist nicht notwendig, da unter normalen Umständen sich z.B. der Verschleißmeßwert durch die Meßwertvorverarbeitung nur einmal pro Umdrehung ändern wird.

Damit der Rechner schnell genug auf Überlastungen und Werkzeugbruch durch Stillsetzen von Vorschub und Drehzahl reagieren kann, werden die Meßwerte allerdings im 100 ms-Takt auf die zulässigen Grenzwerte überprüft, was aber nur wenig Rechenkapazität in Anspruch nimmt. Anschnitt und Ausschnitt des Fräsers werden aus dem auftretenden Spindelmoment erkannt, das mehrmals eine bestimmte Schwelle (im Versuch 8 Fräserumdrehungen lang 6 Nm) entweder über- oder unterschreiten muß. Für die Meßwertverarbeitung werden nur Werte benutzt, die zwischen Fräseranschnitt und -ausschnitt gemessen werden, wobei nach dem Anschnitt bis zum Erfassen des ersten Verschleißmeßwertes etwa 5 mm Fräsweg abgewartet werden, damit der Abstandgeber sich bei der Messung über dem Werkstück befindet. Nach dem ersten Anschnitt mit neuen Schneiden wird jetzt ein Bezugswert für den Abstand aufgenommen, aus dem sich dann durch Differenzbildung mit nachfolgend gemessenen Abstandswerten der auftretende Schneidkantenversatz errechnen läßt.

6.3.2 Behandlung von systematischen und zufälligen Meßfehlern

Trotz der Anstrengungen die Störeinwirkungen auf die Meßwerterfassung durch konstruktive Maßnahmen bei der Geberausführung und dem Gebereinbau (s. Abschnitt 5) klein zu halten, sind die verbleibenden Meßwertabweichungen statistischer und deterministischer Natur nicht unerheblich. Insbesondere bei der Verschleißmessung machten sich in Vorversuchen sowohl die Einwirkung der Zerspanwärme, als auch die Oberflächenausbildung störend bemerkbar. Anfänglich abnehmender Werkzeugverschleiß beim Überlauf über das Werkstück - während die Temperatur stetig zunahm - deutete auf Verfälschungen des Meßwerts infolge von Temperaturdehnungen der Schneidplatte und des Sensorträgers hin. Dem Verschleißmeßwert überlagerte zufällige Schwankungen rührten von Schwankungen in der Oberflächenausbildung her (s. Abschnitt 6.4.2) , die bei niedrigen Schnittgeschwindigkeiten von $v = 2$ m/s teils durch Aufbauschneidenbildung und teils durch

Aufschweißungen am Kontaktzonenende der Nebenschneide bedingt waren.
Die später beschriebene statistische Auswertung der Meßergebnisse berücksichtigt den Einfluß zufälliger Fehler, so
daß quantitative Aussagen über den Verschleißverlauf bei
vorgegebener statistischer Sicherheit möglich sind.
Um den systematischen Meßfehler, der unter dem Einfluß der
Zerspanwärme entsteht weiter zu verkleinern, wurden die
durch Wärmedehnungen verfälschten Verschleißmeßwerte im
Meßwertverarbeitungsprogramm mit Hilfe der vom Temperatursensor gewonnenen Meßwerte korrigiert. Die Meßstelle für
Temperaturmessungen am Werkzeug liegt gemäß der Bilder 5-9
und 5-10 der Spankontaktfläche in Schnittrichtung gegenüber auf der Rückseite der Hartmetallwendeschneidplatte.
Im Folgenden wird die an dieser Stelle, in der Grenzfläche
zwischen Hartmetallplatte und Plattenauflage vom Temperatursensor gemessene Temperatur mit "Temperatur der Plattenauflage" bezeichnet.
Für die Korrektur des Wärmedehnungseinflusses wird ein for-
melmäßiger Zusammenhang zwischen der vom Thermoelement gemessenen Temperatur und dem Meßfehler bei der Abstandsmessung benötigt. Dieser Zusammenhang ist am einfachsten und
sichersten experimentell bei der Fräsbearbeitung oder unter
möglichst naturgetreuer Simulation der Wärmeeinwirkung zu
gewinnen. Die letztere Methode hat den Vorteil, daß keine
Überlagerung von Oberflächeneinflüssen und tatsächlichem
Werkzeugverschleiß zu befürchten sind und wurde aus diesem
Grund für die Untersuchungen vorgezogen. Zur Durchführung
der Messungen diente der in Bild 6-3 dargestellte Versuchsaufbau. Die Zerspanwärme, die beim Fräsen über die Kontakt-
zonen zwischen Schneide und Werkstück in die Hartmetallplatte eindringt, wurde im Versuch über einen beheizbaren
Kupferleiter eingeleitet, der mit einem Querschnitt von
ca. 2 mm^2 auf die Schneidenecke der Wendeschneidplatte auf-
gelötet war. Neben der für die Wärmeeinleitung präparierten
Platte war der Fräsmesserkopf mit zwei weiteren Wendeplatten
bestückt, so daß sich beim Aufsetzen auf eine Grundplatte,
die die Werkstückoberfläche darstellen sollte, näherungsweise eine Dreipunktauflage ergab.

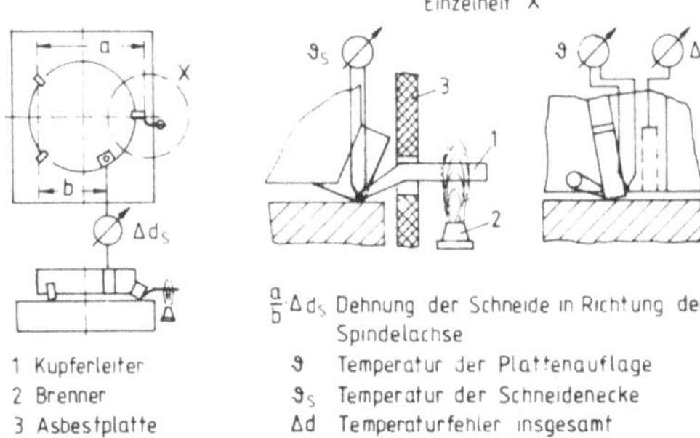

Bild 6-3   Versuchsaufbau zur Bestimmung des Temperatur-
           fehlers bei der Verschleißmessung

Durch geeignete Dosierung der Energiezufuhr über den Bren-
ner konnten -bezogen auf die Temperaturmeßstelle des Tem-
peratursensors- dieselben Temperaturverhältnisse hergestellt werden, wie sie im echten Einsatz beim Fräsen auftreten. Damit decken die ermittelten Kennlinien den für
die Korrektur wichtigen Temperaturbereich ab.
Bild 6-4 zeigt die im Versuch gemessenen Abstandsänderun-
gen über der Temperatur. Aus der Kurvenschar A läßt sich
der temperaturbedingte Meßfehler des Verschleißsensors
aus der vom Temperatursensor angezeigten Temperatur bestimmen. Diese Kurven gewinnt man, indem man die beheiz-
bare Platte in diejenige Lochplattenkassette aufnimmt bzw.
mit demjenigen Klemmkeil spannt, welche bzw. welcher auch
den Abstandsgeber trägt und während des Aufheizens die Ab-
standsänderungen über der Temperatur aufträgt. Verschie-
den hohe Energiezufuhr (Stufen I, II und III) führt dabei
zu unterschiedlich hohen Endtemperaturen. Mit dem Versuchsaufbau lassen sich weiterhin verschiedene Wärmedehnungs-
einflüsse auf die Abstandsmessung auseinanderhalten. Baut
man nämlich von der geheizten Platte ausreichend entfernt

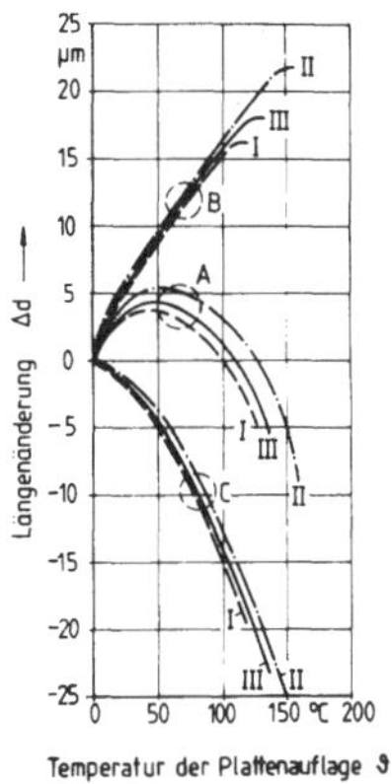

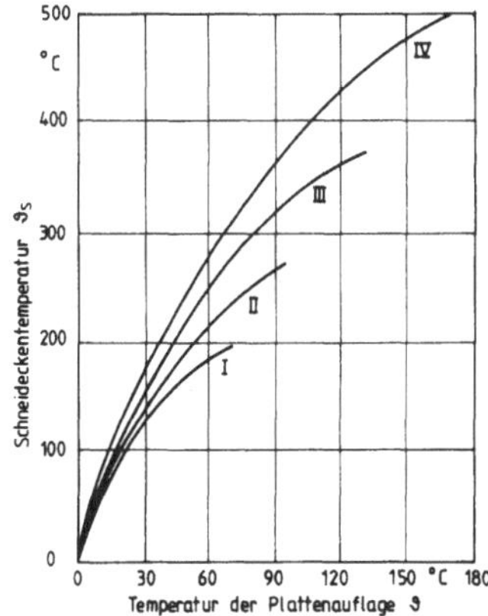

Bild 6-4 Einfluß der Zer-
          spanwärme auf die
          Verschleißmessung

Bild 6-5 Beziehung zwischen
          Schneideckentempe-
          ratur und Temperatur
          der Plattenauflage

einen weiteren Abstandsgeber ein (s. Bild 6-3), so kann man
die Dehnung der Schneide getrennt von Dehnungen messen, die
der Geber seinerseits infolge der eingeleiteten Wärme er-
fährt. Letztere ist wiederum getrennt vom Einfluß der Platten-
dehnung meßbar, wenn man den Messerkopf an einer "kühlen"
Stelle unterstützt, so daß die Schneidenecke nicht mehr auf
der Grundplatte aufsteht und lediglich die Dehnung von dem
Geber samt der Plattenhalterung in die Messung eingehen. Die
Kurvenschar B in Bild 6-4 beschreibt daher die Dehnung der
Schneidenecke, die eine Vergrößerung des Abstandes d zwischen Geber und Werkstückoberfläche bewirkt, während die
Kurvenschar C die Dehnung des Gebers darstellt, welche den
Abstand d zu verkleinern sucht. Aus beiden Kurven entsteht
die Summenkurvenschar A des Temperaturfehlers bei der Verschleißmessung. Im Diagramm erkennt man, daß die konstruktive Maßnahme, den Geber nahe der Schneide einzubauen, bereits
eine starke Verringerung des möglichen Fehlers bewirkt.

Der verbleibende Fehler ist jedoch noch ziemlich groß und
kann in diesem Fall - Einbau des Gebers im Klemmkeil nach
(Bild 5-9) - mit einer Parabel der Form

$$d = a \cdot \vartheta^2 + b \cdot \vartheta \qquad \begin{aligned} a &= -0,0014\,/\mathrm{um}/^\circ\mathrm{C}^2 \\ b &= 0,157\,/\mathrm{um}/^\circ\mathrm{C} \end{aligned}$$

so verkleinert werden, daß er in den meisten Fällen kleiner
als 2 /um ist. Beim Einbau des Gebers in die Kassette zur
Aufnahme von Lochwendeplatten (Bild 5-10) ergibt sich trotz
höherer Temperaturen über den gesamten Temperaturbereich ein
kleinerer Meßfehler (Bild 6-6) , so daß man schon über einen
linearen Fehlerausgleich über der Temperatur den Restfehler
auf 2 /um begrenzen kann.

$$\Delta d = a \cdot \vartheta \qquad a = 0,04/\mathrm{um}/^\circ\mathrm{C}$$

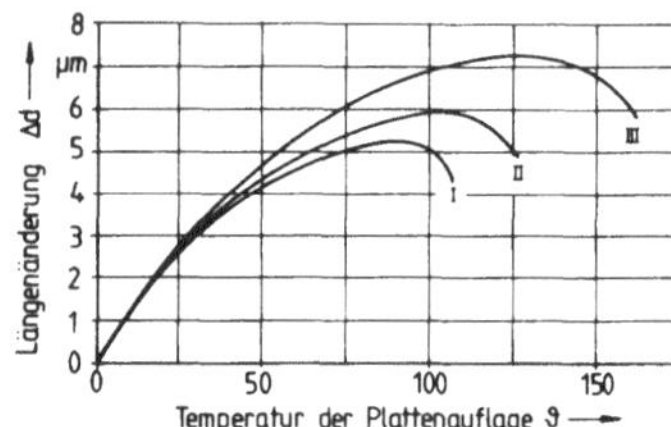

Bild 6-6
Meßfehler über der Temperatur
bei Einbau des Verschleiß-
gebers nach Bild 5-10

Bild 6-5 zeigt schließlich den Versuch einer Zuordnung
zwischen der an der Plattenauflage gemessenen Temperatur
und der an den Kontaktflächen der Schneide auftretenden
Temperatur (Schneideckentemperatur). Die Schneideckentemperatur wurde dabei mit Hilfe eines Thermoelementes
gemessen, das in die Kontaktfläche zwischen Kupferleiter
und Schneidenecke eingebracht war (s. Bild 6-3). Auch
hier führt unterschiedliche Energiezufuhr (Stufen I, II,
III, IV) zu unterschiedlich hohen Endtemperaturen, aber
gleichfalls zu auseinanderfallenden Kurvenästen, die nur
eine grobe Zuordnung zwischen den beiden Größen ermöglichen.

Die verbleibenden zufälligen Schwankungen der Verschleißmeßwerte müssen nun bei der Bildung der Prozeßkenngrößen, Verschleißzustand W und Verschleißgeschwindigkeit $\dot{W}$ berücksichtigt
werden. Die Schätzgröße wird daher erst aus einem Satz
erfaßter Verschleißmeßwerte als Mittelwert bestimmt, wobei
die geschätzte Streuung s der Stichprobe um den Mittelwert
ein Maß für die Unsicherheit der Messung infolge der zufälligen Meßfehler ist. Der Verschleißzuwachs in der Zeit-
einheit wird durch lineare Regression von Zeitmeßwerten
und Verschleißmeßwerten ermittelt, d.h. durch n zusammen-
gehörige Punktepaare W_i, t_i wird eine Gerade gelegt, so
daß die Summe der Abweichungsquadrate $(\Delta W_i)^2$ von eben
dieser Geraden ein Minimum ergibt (Methode der kleinsten
Quadrate Bild 6-7).

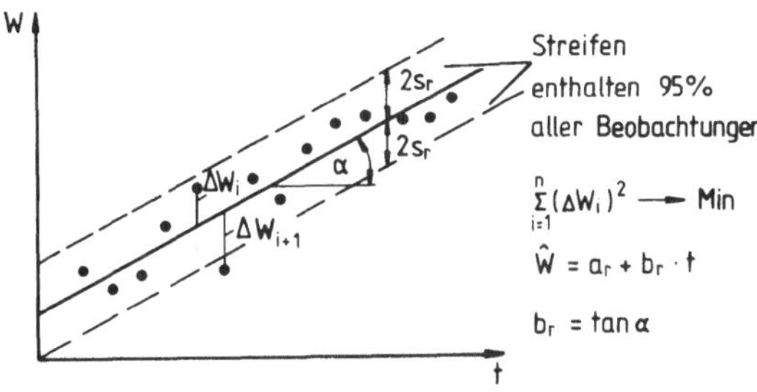

Bild 6-7 Statistische Kenngrößen

Bildet man nun die mittlere quadratische Abweichung der
Meßwerte von den entsprechenden Werten auf der Regressionsgeraden und zieht die Wurzel daraus, so erhält man mit

$$s_r = \sqrt{\frac{\sum\limits_{i=1}^{n} (W_i - \hat{W})^2}{n-2}}$$

ein Maß für die Unsicherheit der Schätzung von W und mit

$$s_{b_r} = \frac{s_r}{\sqrt{\sum\limits_{i=1}^{n} (t_i - \bar{t})^2}} \qquad \bar{t} = \text{Mittelwert der Zeitmeßwerte}$$

ein Maß für die Unsicherheit bei der Bestimmung der Steigung
der Regressionsgeraden b_r, welche eine Schätzung der für
den ACO-Regler wichtigsten Prozeßkenngröße $\dot{W}$ darstellt.

Da der Stichprobenumfang die Reaktionsgeschwindigkeit des
ACO-Reglers beeinflußt und auch wegen der zu erwartenden
Krümmungen des Verschleißverlaufs nicht allzu groß sein
sollte, auf der anderen Seite aber ein zu kleiner Stichprobenumfang die Unsicherheiten insgesamt vergrößert, muß
ein Kriterium für die Wahl des Umfangs n gefunden werden.
Unter der Annahme, daß der Werkzeugverschleiß stetig zunimmt, muß bei einer Folge von n Meßwerten mit Hilfe des
Quotienten

$$\frac{\Delta^2}{s^2} = \frac{\sum\limits_{i=1}^{n} (W_i - W_{i+1})^2}{\sum\limits_{i=1}^{n} (W_i - \bar{W})^2}$$

ein Trend feststellbar sein [6.1, S.291...294]. Ist dies
bei festen Zeitabständen für ein gegebenes n nicht der Fall,
so ist es nicht sinnvoll, eine Regressionsrechnung durchzuführen, da der Verschleißzuwachs nur mit geringer Sicherheit
in der Schwankungsbreite erkannt werden kann. Ein Erhöhen
der Meßzeit und damit des Stichprobenumfangs n vergrößert
den Verschleißzuwachs und damit die Sicherheit bei der Ermittlung von $\dot{W}$, was sich durch Verkleinern der Standartab-
weichung s_{b_r} des Regressionskoeffizienten b_r bei gleichem
Standartfehler s_r ausdrückt. Aus der Forderung, daß s_{b_r}
kleiner als eine vorgegebene Schranke sein muß, könnte man
nun ein ausreichend großes n bestimmen. Ob sich ein einmal
gefundenes n als allgemein günstig erweist, oder ob es an
die Schwankungsbreite der Meßwerte laufend angepaßt werden
muß und in welcher Größenordnung es liegt, sollen die
praktischen Versuche zeigen.
Für die Überwachung des Standzeitendes und des Verschleiß-
istwertes sind noch diejenigen Fehler wichtig, die durch
ungleichmäßiges Einspannen nach dem jeweiligen Plattenwechsel und infolge der Plattentoleranzen entstehen. Diese
Fehler, die über die Werkzeugstandzeit gleichbleiben,
werden durch Bilden der Differenz zwischen einem bei
scharfem Werkzeug gewonnenen Abstandsmeßwert und den
weiterhin gemessenen Abstandwerten ausgeschaltet. (Durch
diese Differenzbildung entsteht auch erst der eigentliche
Verschleißmeßwert SKV).

6.4 Betriebsverhalten der Sensoren

6.4.1 Einsatzbereich der Sensoren

Ein erster Einsatz der Sensoren beim Fräsen ergab, daß die
Erfassung von Drehmoment und Plattensitztemperatur wie erwartet auch über längere Zeit sehr zuverlässig und genau erfolgte, der Verschleißsensor jedoch zunächst nicht so
störungsfrei arbeitete, wie dies wünschenswert war. Denn
trotz der Sperrluft im Bereich der "Kondensatorplatten"
Geber-Werkstück ging die Wirkung der Elektrodenisolation am
Geber durch Abrieb eingeklemmter Späne oder Anlagern von
Gußstaub allmählich verloren, so daß der Sensor entweder aus-
fiel oder mit fortschreitender Einsatzzeit seine Kennlinie
veränderte. Durch Verkleinern des Durchmessers konnte der
Geber jedoch schließlich so eingebaut werden, daß die Meßstelle für die Abstandsmessung und damit auch die Geberstirnfläche, wie in Bild 5-9 gezeigt in Schnittrichtung hinter der
im Eingriff befindlichen Schneidenkontur liegt. Auf diese
Weise kann verhindert werden, daß auf der gefrästen Werkstückoberfläche liegengebliebene Späne zwischen Geberstirnfläche
und Werkstück geraten, da sie vorher von der Schneide aus dem
gefährdeten Bereich geschoben werden. Der Sicherheitsabstand mußte zwar infolge der Durchmesserverringerung des
Gebers von ursprünglich 0,6 mm auf 0,4 mm verkleinert werden,
er erwies sich aber dennoch als ausreichend groß. Die Geber-
stirnseite wurde wie gleichfalls in Bild 5-8 zu sehen ist,
mit einer verschleißfesten, temperaturstabilen und isolieren-
den Folie völlig abgedeckt, so daß sich durch Anlagerung
kleinster Metallteilchen weder Kurzschlüsse noch Kriechströme
zwischen den Geberelektroden bilden können. Damit war der
Verschleißsensor auch für die Gußbearbeitung einsetzbar, wo
bei dem hohen Metall-Staubanfall trotz Freiblasen ein Anlagern einiger weniger Metallteilchen an den Geber nicht vermieden werden kann. Die Abstandsmessung wird hierdurch nicht
merklich gestört, bei fehlender Isolation aber durch Kriech-
strombildung zwischen den Elektroden unmöglich.

Da der Einsatz von Kühlmittel beim Fräsen mit Hartmetall
nicht zu empfehlen ist, weil es sich verschleißfördernd
auswirkt [5.7] ist der Einfluß von Feuchtigkeit auf die
Meßgenauigkeit von geringer Bedeutung.

Zusammenfassend läßt sich sagen, daß die Funktionsfähigkeit des Verschleißsensors durch die Bearbeitungsverhältnisse, die beim Messerkopffräsen mit Hartmetall im allgemeinen vorliegen, nicht beeinträchtigt wird. Dies betrifft
sowohl die möglichen Werkstückformen, Werkstoffe (sie
müssen lediglich metallisch leitend sein) die anwendbaren
Schnittbedingungen als auch die Spanbildung.

6.4.2 Störeinflüsse und Meßgenauigkeit bei der Verschleißmessung

Beim Betrieb während des Fräsens stellte sich heraus, daß
die Meßgenauigkeit des Verschleißsensors bei weitem unter
seiner Auflösungsmöglichkeit für die Messung von Abständen,
liegt, die in Abschnitt 5 mit $\pm$ 0,3μm bei konstanter
Temperatur angegeben wird. Auftretende Kräfte, Temperaturen
und die Art der Oberflächenausbildung stören die Abbildung
des Schneidkantenversatzes in einen vom Sensor meßbaren
Abstand zwischen Schneidenträger und Werkstückoberfläche.
Während der Temperatureinfluß durch Kompensation gemäß
Abschnitt 5 kleingehalten werden konnte, ergaben sich
durch die beiden übrigen Störgrößen je nach Schnittbedingungen zufällige Meßfehler im Bereich von 5 μm und mehr.
Beim Planfräsen eines stufigen Werkstücks bei gleichbleibendem Vorschub und geringer Oberflächenrauhigkeit konnte
festgestellt werden, daß der Einfluß der Kräfte durch die
gute Annäherung an das Abbé-Prinzip beim Sensoreinbau mit
höchstenfalls $\pm$ 1 μm Abweichung sehr gering ist. Mit Hilfe
eines Tastschnittgerätes konnte dann auch die Oberflächen-
gestalt als Haupteinflußfaktor auf die Meßgenauigkeit erkannt werden (Bild 6-8) .
Aus diesem Grund mußte der erzeugten Oberfläche mehr Beachtung geschenkt werden als ursprünglich beabsichtigt,
denn es interessierten ja Schruppvorgänge.

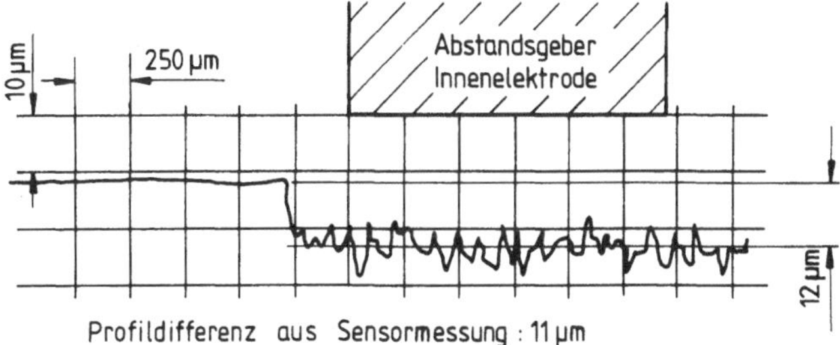

Bild 6-8 Einfluß der Oberfläche

So konnte zum Beispiel beobachtet werden, daß die Oberflächenrauhigkeit bis zum Erreichen eines Mindestverschleißes
von ca. 10 µm Schneidkantenversatz an der Nebenschneide
rapide abnimmt,um dann einigermaßen konstant zu bleiben,
daß die Einspannung der Wendeschneidplatte dabei eine Rolle
spielt, daß für die Ausbildung der Vorschubriefen zum Teil
auch die Kontur der verschlissenen Nebenschneide verantwortlich ist und daß die Nebenschneidenfase trotz ihrer Breite
von 1,4 mm in den wenigsten Fällen als eine Art Breitschlicht-
schneide wirkt und somit nicht die erwarteten geringen Ober-
flächenrauheiten auftreten.
Wie in Bild 6-8 in der rechten Profilhälfte deutlich wird,
gibt der Sensor im Fall einer rauhen Oberfläche einen mittleren Abstand des Profils an. Diese Eigenschaft des Sensors
bleibt bei beliebiger Profilform erhalten, solange die Rauhtiefe gemessen am Abstand zwischen Geber und mittlerem Profil
klein ist. Bei einem Sicherheitsabstand von 400 µm ist diese
Bedingung bei allen untersuchten Schnittbedingungen gegeben.
Ist die Oberflächenrauhigkeit klein oder bleibt sie, gesehen
über der Standzeit und für verschiedene Schnittbedingungen
gleichmäßig groß, wirft sie für die Verschleißmessung keine
Probleme auf. Große Rauhtiefen würden zwar die Angabe des
absoluten Schneidkantenversatzes etwas verfälschen (im Versuch höchstens um 10 µm), aber dennoch eine sinnvolle Angabe
der für den ACO-Regler wichtigen Änderung des Schneidkantenversatzes über der Zeit zulassen.

Der Hauptstörfaktor bei der Verschleißmessung war allerdings nicht in der entstehenden Rauhtiefe bei näherungsweise gleichbleibendem mittleren Profil zu suchen, sondern in einem unregelmäßig auftretenden Versatz des Profils, wie Bild 6-8 zeigt. An der Nebenschneidenfase haften offenbar kleine Späne, die zwischen Nebenschneidenfreifläche und Werkstück hindurchgequetscht werden und ein Tiefersetzen der gefrästen Oberfläche bewirken. Solche Späne und damit die genannten Unregelmäßigkeiten der Oberfläche waren nur dann zu beobachten, wenn im Einzahnbetrieb die Nebenschneide über die bereits gefräste Oberfläche geriet und dort in Vorschubrichtung an der Rückseite des Messerkopfes kleine Späne abnahm. (Nachschneiden der gefrästen Oberfläche). Besonders stark waren diese Störungen bei niedrigen Schnittgeschwindigkeiten v = 2 m/s und kleinen Vorschüben. In Bild 6-8 ergab sich hierdurch eine Differenz der mittleren Profile von 12 μm. Die linke Hälfte des Profils wurde nach dem Anfräsen erzeugt, solange der zurückgelegte Fräsweg kleiner als der halbe Messerkopfdurchmesser war. Danach nimmt die Nebenschneide beim Überlauf über die gefräste Fläche Späne mit, und es entsteht die rechte wesentlich tiefer gesetzte Hälfte des Profils. Genauere Beobachtungen zeigten weiterhin, daß die Bildung der Riefen während des Fräserüberlaufs, der Kontur des Schnittbogens in Vorschubrichtung erst mit einem bestimmten Abstand folgte, der in etwa durch die Breite der Nebenschneidenfase gegeben war. Die wesentliche Störung der Oberfläche geht anscheinend von Aufschweißungen aus, die an der Ecke der Nebenschneide zum Fräsermittelpunkt hin haften und beim Schneideneintritt nicht abgestreift werden. Diese Beobachtung lieferte eine Möglichkeit zur Verringerung der Störungen, indem man versuchte den Abstand über der Spur der Nebenschneide zu messen, was zu der Geberkonstruktion und -anordnung nach Bild 5-8 führte.
Bei dieser Konstruktion ist die Innenelektrode der Geberkapazität im Durchmesser der Länge der Nebenschneide angepaßt und der Geber so eingebaut, daß die Innenelektrode

beim Schnitt über die von der Nebenschneidenfase erzeugten
Kontur zu liegen kommt. Eine weitere Verringerung der
Störungen kommt einfach beim Einsetzen mehrerer Schneiden
in den Messerkopf zustande, weil sich dann das Nachschneiden verringert. Dies macht sich schon beim Einsetzen von
zwei Schneiden statt einer Schneide bemerkbar, weil dann
immer eine Schneide im Eingriff ist und die Spindel sich
nicht nach Austritt einer Schneide elastisch gegen das
Werkstück verschieben kann, wodurch ein Nachschneiden auf
der gefrästen Fläche entsteht.

Bild 6-9 zeigt die Meßgenauigkeit des Verschleißsensors
beim Fräsen an einem Beispiel.

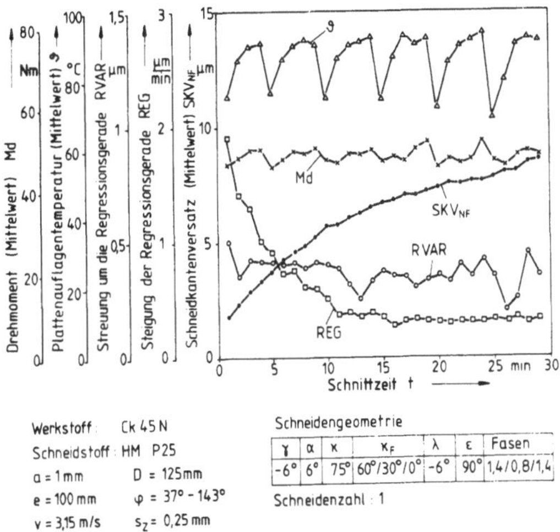

Bild 6-9   Meßgrößen und statistische Größen im Zeitverlauf

Es sind die Mittelwerte der Meßgrößen Drehmoment (M_d),
Temperatur (ϑ) und Schneidkantenversatz der Nebenschneidenfase (SKV_{NF}) aufgezeichnet, die aus je dreißig Einzelmeßwerten der betreffenden Meßgröße errechnet wurden.

Die sogenannten Einzelmeßwerte stellen wiederum bereits
Mittelwerte dar, die aus den anfallenden Meßwerten (1 Satz
pro Fräserumdrehung) durch Mittelung über einen Zeitraum von
2 s entstanden sind. Diese Vorgehensweise erschien aus pro-
grammiertechnischen Gründen sinnvoll. Die beiden verbleibenden
Kurven stellen die aus den Einzelmeßwerten für Verschleiß
errechnete Steigung b_r der Regressionsgeraden (REG) und die
Restabweichung s_r dieser Meßwerte um die Regressionsgerade
(RVAR) dar. Die Restabweichung liegt im gezeigten Stand-
zeitbereich unter 0,4 μm, was für die Verschleißmessung
bedeutet, daß die Meßwerte in 95 % aller Fälle weniger als
$\pm$ 0,8 μm vom gemessenen Mittelwert abweichen.
Bei anderen als im Beispiel vorliegenden Schnittbedingungen
und anderen Phasen des Verschleißverlaufs (im Bild ist
die Anfangsphase gezeigt) kann die Reststreuung stärkeren
Schwankungen über der Standzeit unterworfen sein und kurzzeitig auch die Größe s_r = 2 μm erreichen, im Mittel ist
aber nach der großen Zahl von aufgenommenen Meßwerten an-
zunehmen, daß ein Wert von s_r = 0,6 μm repräsentativ für
den Verschleißsensor ist. Die Überprüfung der Sensormeßwerte auf optischem Wege mit dem Mikroskop erbrachte daher
auch in den meisten Fällen eine gute Übereinstimmung von
kapazitiv und optisch gemessenem Schneidkantenversatz
(Bild 6-15 und 6-16). Hierbei muß allerdings auch die
Problematik der optischen Verschleißmessung gesehen werden,
die durch subjektive Ablesung, unscharfe Kanten der Ver-
schleißmarke, ungleichmäßiges Reflektionsverhalten etc.
entstehen, so daß die optische Messung als Vergleichsmaß-
stab keinesfalls einen absoluten Charakter hat. Größere
Abweichungen in der Ablesung können daher auch auf die
unterschiedliche Beurteilung des Verschleißzustandes infolge der Verschiedenheit der Verfahren entstehen. Bei der
Betrachtung des Anstiegs der Verschleißkurven ist die Dis-
krepanz zwischen beiden Verfahren allerdings so gering,
daß man sagen kann, daß beide Verfahren die Kenngröße
Verschleißgeschwindigkeit gleich beurteilen. Die erreichte
Genauigkeit wurde für die nachfolgend beschriebenen Unter-

suchungen als ausreichend erachtet, so daß der erwähnte Ver-
arbeitungsmodus -statistische Auswertung von je dreißig Einzelmeßwerten, die im 2s-Zeitraster vorliegen- beibehalten
wurde.

Gegenüber herkömmlichen Methoden der Verschleißmessung mit
dem Mikroskop, wo in der Auswertung meist nur wenige Stützstellen der Verschleißkurve angegeben werden, zeichnet sich
das beschriebene Verfahren dadurch aus, daß bei vergleich-
barer Genauigkeit der Einzelmessung die Meßpunkte wesentlich
dichter über der Schnittzeitachse verteilt sind und der
Kurvenverlauf somit statistisch besser abgesichert werden
kann.

Dennoch ist die abschnittsweise Bestimmung der Verschleißgeschwindigkeit aus lediglich dreißig Einzelmeßwerten für
die Verwendung im ACO-Regler nicht ausreichend genau, was
sich an den Messungen aus Bild 6-9 zeigen läßt.
Bildet man nämlich zur Abschätzung der Meßunsicherheit
aus

$$s_r = RVAR$$

und

$$Q_t = \sum_{i=1}^{30} (t_i - \bar{t})^2 \quad \text{mit } t_i = i \cdot 2 \text{ s}$$

die Größe

$$s_{b_r} = \frac{s_r}{\sqrt{Q_t}} \quad \text{so ergibt sich}$$

die mögliche Streubreite für die Steigung der Regressionsgeraden zu

$$s_{b_r} = \frac{0,4 \ \mu m}{1,58 \ min} = 0,25 \ \mu m/min$$

Dies bedeutet, daß bei 95 % Sicherheit die Steigung vom
Mittelwert um bis zu 0,5 $\mu m/min$ abweichen kann. Diese
große Unsicherheit beim Bestimmen der Verschleißgeschwindigkeit über den kurzen Zeitraum von einer Minute führt
zur Verschleierung der Zusammenhänge zwischen Ursache
(Änderung der Stellgrößen) und Wirkung (Änderung der Verschleißgeschwindigkeit) bei der Identifikation des Fräs-

prozesses im ACO-Regler. Um im Beispiel die Unsicherheit
in 95 % aller Fälle unter die 5 % Marke zu drücken, wäre
die Identifikationszeit auf 10 min zu erhöhen. Bei fest
vorgegebener Identifikationsdauer von 10 min, die für
kleine Verschleißanstiege günstig ist, ergibt sich aber
für große Verschleißanstiege ein ungünstiges Verhältnis
zwischen Identifikationszeit und Standzeit, das nicht in
Kauf genommen werden sollte. Eine Möglichkeit den Stichprobenumfang der Meßwerte, die zur Identifikation genutzt
werden (und damit die Meßzeit) an den Prozeß anzupassen,
besteht in der Anwendung exponentieller Glättungsverfahren,
die aus dem Bereich der Fertigungswirtschaft bekannt sind
[6.2, 6.3] und bereits auf technische Probleme angewandt
wurden [6.4, 6.5].
Für die Identifikation des Prozesses wurde eine Variante
dieses Verfahrens eingesetzt (s. Abschnitt 7).

6.5 Untersuchungen zum Fräsprozeß

6.5.1 Messung bei konstanten Schnittbedingungen über der Standzeit

Wie bereits in Abschnitt 6.1 erläutert, sollen die geschaffenen meßtechnischen Möglichkeiten zunächst bei konventionellen Fräsversuchen und konstanten Schnittbedingungen über der Standzeit eingesetzt werden, um zu beobachten, wie sich die Zerspanungsbedingungen in diesen Meßgrößen äußern.

Bild 6-10 zeigt den Verlauf der Verschleißmeßgröße über der Schnittzeit bei den ausgewählten Schnittbedingungen. Der Schneidkantenversatz der Nebenschneide nimmt monoton über der Schnittzeit zu und die Anstiegswerte liegen im Bereich von 0,2 μm/min bis zu 2,5μm/min. Weiterhin kann an Bild 6-10 festgestellt werden, daß der Einfluß der Schnittzeit auf die Verschleißzunahme formelmäßig nicht wie beim Drehen üblich [2.8 u. 5.14] durch Multiplikation mit einem Zeitterm beschrieben werden kann, der die Form t^{const} hat, denn sonst dürften sich die Kurven nicht überschneiden (d.h. SKV $(v, s_z, t) \neq f(v, s_z) \cdot t^{const}$). Auch der Einfluß der Stellgrößen s_z und v ist beim Fräsen offenbar schwieriger mathematisch zu beschreiben. Diese verwickelten Zusammenhänge führten schon in [5.2] zu dem Ergebnis, daß für die Darstellung des Werkzeugverschleißes beim Fräsen andere mathematische Ansätze als beim Drehen gemacht werden müssen. Es ergab sich dort, daß eine Approximation mit Polynomen 3. Ordnung zulässig ist, wobei die Koeffizienten in komplizierter Form von den Stellgrößen abhängig sind und durch Interpolation zwischen experimentell ermittelten Stützstellen für die jeweilige Stellgrößenkombination errechnet werden. Im Gegensatz zu den Beobachtungen in [5.2] wurde allerdings festgestellt, wie gleichfalls in [5.13] für das Drehen, daß Parallelversuche, die sich äußerlich in den Schnittbedingungen nicht unterscheiden, zum Teil erhebliche Unterschiede im Verschleißverlauf zeigen können (s. Parallelmessungen in Bild 6-10). Insofern ist

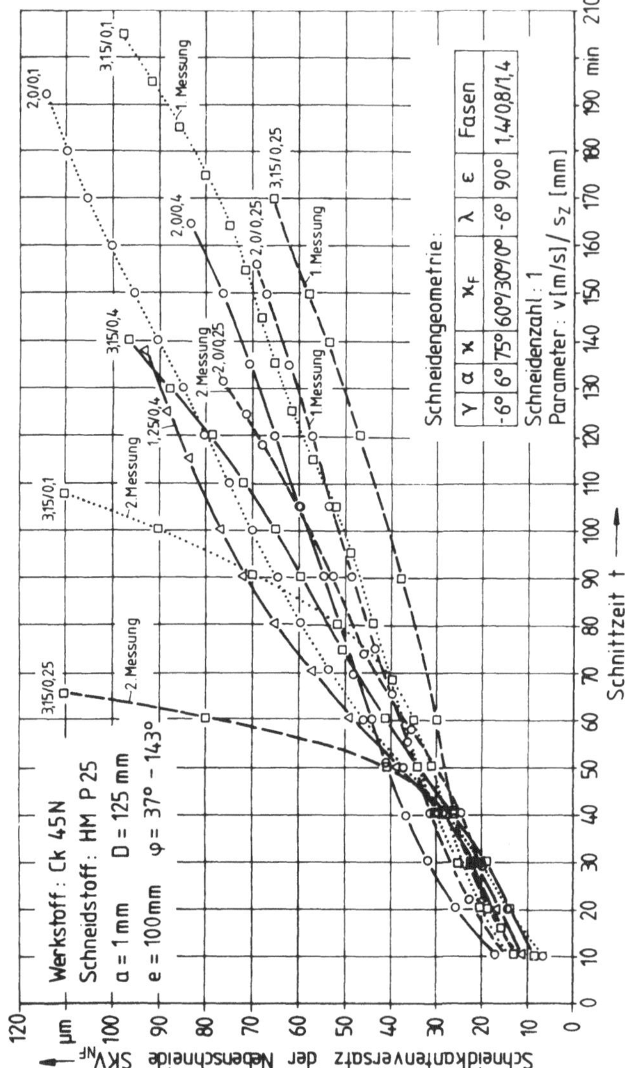

Bild 6-10 Einfluß der Schnittbedingungen auf den Nebenschneidenverschleiß

damit zu rechnen, daß die erwähnten Koeffizienten von
Standzeitende zu Standzeitende Streuungen unterworfen
sind und ihre einmalige Bestimmung wenig Aussagekraft
hat. Nimmt man an, daß die Streuungen dadurch verursacht
werden, daß man die Versuchs- und Schnittbedingungen
nicht exakt eingehalten hat, so darf man sagen, daß in
der Praxis der Verschleißverlauf in den wenigsten Fällen
genau vorhergesagt werden kann. Zumindest ist fraglich,
ob ein einfaches Modell nicht den gleichen Erfolg bringt,
wenn die empirisch gewonnene Basis Schwankungen unterliegt.
Um umfangreiche statistische Untersuchungen zu vermeiden,
wird daher in Abschnitt 7 bei der Entwicklung der Optimierstrategie davon ausgegangen, daß kein mathematisches Modell
des Verschleißverlaufs vorliegt.
Während der Untersuchungen wurde in keinem Fall ein Werk-
zeugversagen durch Bruch der Schneidenecke registriert,
solange man im Stellgrößenbereich

$$0,1 \text{ mm} \leqslant s_z \leqslant 0,45 \text{ mm}$$

$$1 \text{ m/s} \leqslant v \leqslant 3,5 \text{ m/s}$$

arbeitete. Dies bedeutet, daß die Kostenfunktion im Zusammenhang mit der Messung des Schneidkantenversatzes nur in diesem
Bereich ihre Gültigkeit besitzt und die angegebenen Schran-
ken als Grenzen des Lösungsbereiches der Optimierungsaufgabe zu betrachten sind, bedingt durch die Belastbarkeit
der Schneidenecke.

Der Einfluß der Schnittbedingungen auf die gemessenen
Momente konnte bei einem Eingriffswinkel von 90° mit der
Formel

$$F_s = b \cdot h^{1-c} k_{s1.1}$$

[6.5] verifiziert werden, wobei die ermittelten Konstanten
mit den Angaben in [5.2] gut übereinstimmten. Wie dort wurde
ein geringer Anstieg längs des Standweges festgestellt, der
von den Schnittbedingungen abhängig war.

Bild 6-11 zeigt die gemessenen Spindelmomente über dem
Nebenschneidenverschleiß und Bild 6-12 die gemessenen

Temperaturen.

Parameter beider Diagramme sind die Schnittgeschwindigkeit
und der Vorschub pro Zahn.

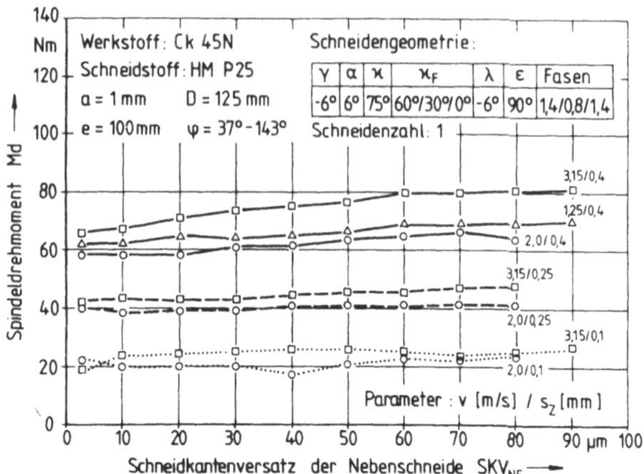

Bild 6-11 Einfluß von Schnittbedingungen und Verschleiß
          auf das Spindeldrehmoment

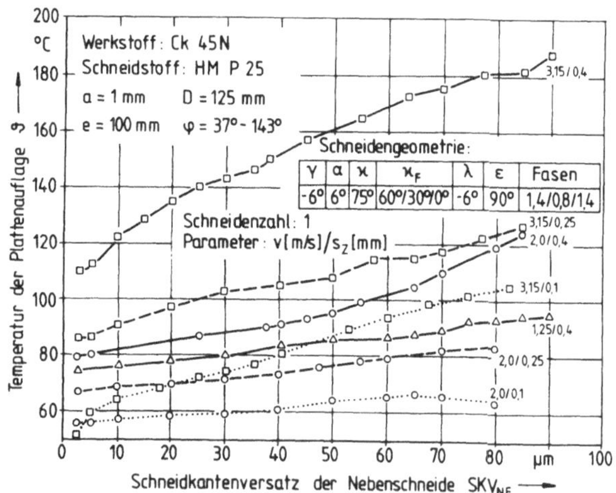

Bild 6-12 Einfluß von Schnittbedingungen und Verschleiß
          auf die Temperatur der Plattenauflage

Die an die Plattenauflage gemessenen Temperaturen (Erläu-
terungen zur Meßstelle s.S. 69) lagen bei den verwendeten
Schnittbedingungen je nach Messerkopftype zwischen 70 und
150°C, bzw. 90 und 170°C. Die zeitliche Entwicklung des
Temperaturverlaufes wurde bereits in Bild 6-9 gezeigt,
während in Bild 6-12 nur die stationären Temperaturen ein-
getragen sind, die sich je nach Schnittbedingungen früher
oder später während des Überlaufs über das Werkstück ein-
stellen. Im Gegensatz zum Verhalten der Momente ist die
Temperaturerhöhung mit wachsendem Werkzeugverschleiß deutlich meßbar. Allerdings sind auch beim Temperaturverhalten
die Schnittbedingungen mit verantwortlich. Die Zusammenhänge
werden in Bild 6-13 deutlich.

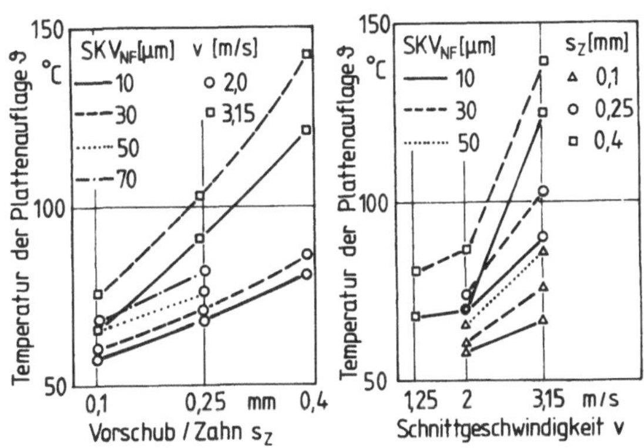

Bild 6-13   Temperatur der Plattenauflage über der Schnitt-
            geschwindigkeit und dem Vorschub pro Zahn

Man erkennt, daß die Temperaturzunahme infolge des Verschleißes in erster Näherung vom Vorschub pro Zahn unabhängig ist. (Kurvenzüge im Diagramm $\vartheta(s_Z)$ laufen für verschiedene Verschleißzustände bei gleichen Schnittgeschwindigkeiten jeweils näherungsweise parallel).
Bei konstanter Schnittgeschwindigkeit bewirkt eine Erhöhung
des Vorschubs pro Zahn eine Temperaturerhöhung im gleichen
Verhältnis, wobei der Proportionalitätsfaktor von der gewählten Schnittgeschwindigkeit abhängig ist. Bei konstantem Vor-

schub bringt eine Veränderung der Schnittgeschwindigkeit v um Δv unterschiedliche Temperaturerhöhungen, je nachdem wie groß v selbst ist. Hier liegt offenbar ein exponentieller Zusammenhang vor.

Eine Formel zur Beschreibung des Einflusses aller drei Faktoren könnte daher das Aussehen

$$\vartheta\,(v,s_z,SKV) = c \cdot v^a \cdot s_z + d \cdot v^\beta \cdot SKV$$

haben und in zwei additive Therme zerfallen, die beide von der Schnittgeschwindigkeit abhängen, der eine aber nur vom Vorschub pro Zahn und der andere nur von dem Schneidkantenversatz. Zur Überprüfung der Meßergebnisse wurde versucht, mit der in Bild 6-5 gezeigten Zuordnung die Temperatur an der Schneidecke grob abzuschätzen. Unter der Annahme eines rechteckigen Temperaturverlaufs an der Schneidenecke über einer Umdrehung des Fräsers, ergeben sich bei einem Verhältnis von 1:2 zwischen Schnittzeit und Pausenzeit Temperaturen zwischen 700 und 1200°, welche gemäß der Veröffentlichungen [5.5] und [5.6] realistisch sind.

Bild 6-14 zeigt exemplarisch den Materialeinfluß auf die Kenngrößen.

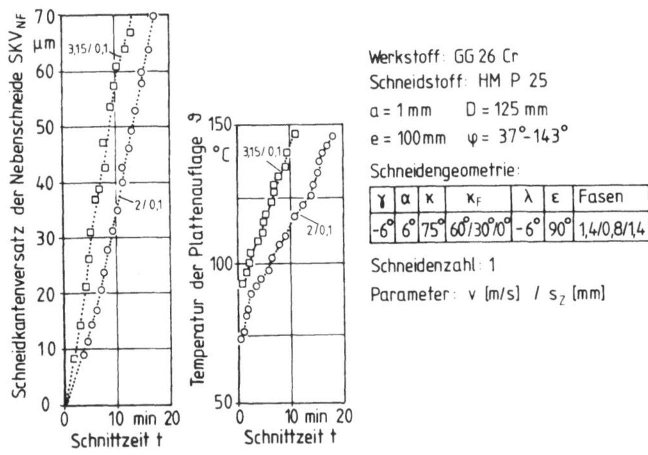

γ	α	κ	κ_F	λ	ε	Fasen
-6°	6°	75°	60°/30°/0°	-6°	90°	1,4/0,8/1,4

Bild 6-14   Beispiel für Verschleiß- und Temperaturentwicklung beim Fräsen von Gußeisen

Im Verhältnis zu Ck 45 N führt die Paarung HM P 25 und
GG 26 Cr zu enorm hohen Verschleißgeschwindigkeiten und
wesentlich höheren Temperaturen. Obwohl der niedrigere
Verformungsgrad des Gußspans eigentlich niedrigere Temperaturen erwarten läßt, bewirken veränderte Reibungs-
und Verschleißverhältnisse offenbar das Gegenteil.

6.5.2 <u>Messungen bei Variation der Schnittbedingungen während der Standzeit des Werkzeugs</u>

Eine Änderung der Schnittbedingungen vor dem Standzeitende
des Werkzeugs hat Reaktionen des Prozesses zur Folge, wie
sie in den Bildern [6-15 und 6-16] dargestellt sind. Man
sieht, daß die Prozeßantwort auf die Änderung der Stellgrößen gut zu beobachten ist und auch im Falle des Werkzeugverschleißes, gemessen an der Standzeit, praktisch
verzögerungslos erfolgt.

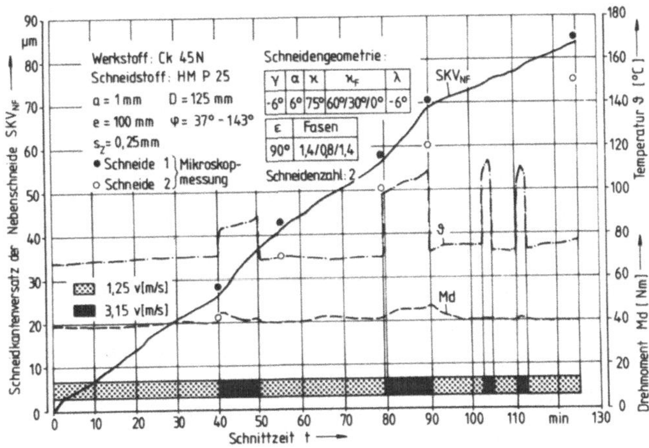

Bild 6-15 Verlauf der Meßgrößen bei variierenden
Schnittgeschwindigkeiten

In Bezug auf den Zusammenhang zwischen Schnittbedingungen
und Verschleißanstieg ergab die Auswertung, daß eine Erhöhung der Schnittgeschwindigkeit als auch eine Erhöhung
des Vorschubs in allen Fällen eine Vergrößerung des Ver-
schleißanstiegs bewirkt und umgekehrt im Falle einer Verkleinerung der Stellgrößen der Verschleißanstieg abnimmt.

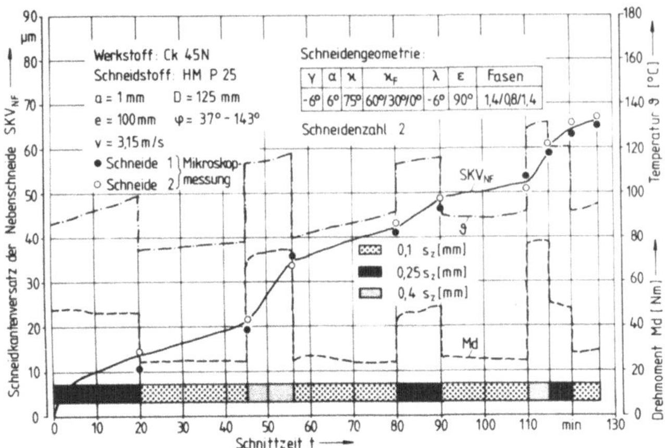

Bild 6-16   Verlauf der Meßgrößen bei variierenden
            Vorschüben pro Zahn

Dabei kann die Größe des Anstiegs bei gleichen Schnittbedingungen und gleichem Schnittzeitabschnitt von Kurve zu
Kurve Streuungen unterworfen sein. Innerhalb derselben
Kurve aber war die Verschleißgeschwindigkeit über größere
Schnittzeitbereiche mit der zugehörigen Schnittwertkombination eng verbunden. Das Vertauschen der Reihenfolge der
Schnittwertkombination längs der Schnittzeitachse konnte
diese Zusammengehörigkeit nicht stören, so daß man davon
ausgehen kann, daß die zukünftige Verschleißentwicklung ab
dem Zeitpunkt der Stellgrößenänderung nur vom momentanen
Verschleißzustand und den in der Zukunft vorliegenden Zer-
spanverhältnissen abhängt. Über diese qualitativen Aussagen
hinaus können anhand der vorliegenden geringen Anzahl von
redundanten Verschleißkurven -die Messungen wurden für jede
Stellgrößenfunktion f (v, s_z, t) nur je einmal mit frischer
Schneide wiederholt und ergaben Streuungen bis zu 40 % in
dem Verschleißanstieg über der Zeit bei gleichem v und s_z
im gleichen Standzeitbereich- keine gesicherten quantitati-
tativen Angaben gemacht werden.

Aus dem gleichen Grund -starke Meßwertestreuung und zu wenig
redundante Messungen- ist auch kein unmittelbarer Vergleich
zwischen Verschleißkurvenausschnitten im konventionellen
Standzeitversuch (s. Abschnitt 6.5.1) und Kurvenausschnitten
bei Variation der Schnittbedingungen über der Standzeit möglich. Es bleibt lediglich die Feststellung, daß bei variierenden Schnittbedingungen vorkommende Verschleißzuwächse auch in
konventionell erzeugten Verschleißkurven auftreten und sozu-
sagen das Verschleißverhalten durch die Variation während der
Standzeit nicht außergewöhnlich verändert wird.

Um den Einfluß der Schneidenzahl auf die Verschleißmessung zu
betrachten, wurde der Messerkopf für einige Kurvenverläufe
mit zwei Wendeschneidplatten bestückt (s. Bilder 6-15 und 6-16).
Beide Platten nutzten sich im Versuch nahezu gleichmäßig ab,so
daß sich ein gleichmäßiges Verschleißwachstum einstellte, wenn
sich auch infolge des bei neuem Werkzeug vorhandenen Plan-
schlags der Nebenschneiden Differenzen in den absoluten Ver-
schleißbeträgen ergeben. Diese Beobachtungen stimmen soweit
mit den in [5.2] gemachten überein. Offenbar sind die Ursachen
für die eingangs erwähnten unterschiedlichen Beobachtungen
bezüglich der Streuungen im Verschleißverlauf weniger in der
Inhomogenität der Werkzeugeigenschaften, als vielmehr in der
Inhomogenität der Versuchsbedingungen und der Materialeigen-
schaften zu suchen.
Der vom Verschleißsensor gemessene Wert entspricht dem Verschleiß der am weitesten axial vorstehenden Nebenschneide,
solange der Vorschub pro Fräserumdrehung bei neuem Werkzeug
nicht die Breite der Nebenschneidenfase übersteigt. In anderen
Fällen können durch das Aufnehmen des Bezugsabstandes bei neuem
Werkzeug je nach Schneidenfolge im Bezug auf den Abstandsgeber
im weiteren Verlauf Zwischenwerte des Einzelschneidenver-
schleißes gemessen werden.

Zusammenfassend läßt sich sagen, daß die Vielfalt der auftretenden (Stör-)Einflüsse und Verschleißmechanismen die Auf-
stellung eines empirischen Verschleißmodells für den Fräsprozeß erschweren. Die gemachten Erfahrungen lassen sogar
erwarten, daß die zufällig auftretenden Abweichungen nicht
nur die Parameter eines möglichen Zusammenhanges, sondern
auch seine Struktur verändern können.

7. ENTWICKLUNG DES ACO-REGLERS

Die Ergebnisse der Fräsversuche bestätigen, daß vom
Prozeß her die Voraussetzungen für die Realisierbarkeit
einer ACO-Strategie mit den Ansätzen aus Abschnitt 4 gegeben sind. Darüber hinaus bieten aber die Prozeßeigenschaften keine besonders günstige Ausgangsbasis für den
Entwurf eines schnellen und genauen Reglers, weil sie
nicht in ein Modell gefaßt werden konnten, das die Einwirkung von Stell- und Störgrößen auf die Verschleißentwicklung im wesentlichen beschreibt und keinen Sonderfall
darstellt. Es kommt daher nur ein Reglertyp in Frage, der
die Stellgrößen direkt am Prozeß optimiert (s.Abschnitt 1).
Ausgehend von einem Startpunkt im Lösungsbereich werden
vom Regler zunächst kleine Veränderungen der Stellgrößen
vorgenommen (Suchschritte, Probeschritte) um die Reaktion
des Prozesses in der Umgebung des Startpunktes zu untersuchen. Basierend auf diesen Testergebnissen werden dann
nach einem bestimmten System Suchrichtungen und Verstellschrittweiten für die Stellgrößen erzeugt, die schließlich
zum optimalen Arbeitspunkt hinführen sollen (Verstell-
schritte, Arbeitsschritte). Über derartige Suchverfahren
existiert bereits umfangreiche Literatur (Zusammenstellungen
in [1.3], [7.1]). Abhängig von der Form der zu optimierenden Zielfunktion, der Anzahl der Variablen, der Form
und Anzahl von Begrenzungen, dem zulässigen Speicherplatzbedarf und der zulässigen Konvergenzgeschwindigkeit bringt
dieses oder jenes Verfahren in einem bestimmten Anwendungsfall größere Erfolge. Bei der Optimierung von realen Pro-
zessen durch einen ACO-Regler des genannten Typs, sind die
Auswirkungen von Meßwertestörungen auf die Konvergenz
und die Konvergenzgeschwindigkeit des Suchverfahrens von
vorrangiger Bedeutung [7.2]. Zufällige Schwankungen des
Meßsignals und die damit verbundenen Schwankungen der
Zielfunktion führen zu Fehlentscheidungen des Reglers
über die zu verwendende Suchrichtung und Verstellschritt-
weite und zu irrtümlicher Stellgrößenbeeinflussung.
Redundante Messungen und besondere Suchmethoden können die

Unsicherheit durch Störeinflüsse bei der Prozeßführung
verringern, meistens ist jedoch mit diesen Maßnahmen eine
langsamere Konvergenz des Suchverfahrens verbunden [7.2],
[7.3]. Für ACO-Fräsen wünscht man sich eine schnelle Konvergenz des Verfahrens, d.h. möglichst wenig Suchschritte
bis zum Erreichen des Optimums, bei möglichst geringer
Verschleißzunahme am Werkzeug während der Suchoperationen
abseits vom optimalen Arbeitspunkt. Die Messung kleiner
Verschleißänderungen ist aber wegen des vorhandenen Stör-
pegels unsicher. Diese Unsicherheit kann bei Verfahren,
die ohne Störung schnell konvergieren, weil sie über eine
empfindliche Richtungs- und Schrittweitensteuerung ver-
fügen, zu irrtümlichen Richtungs- und Schrittweitenände-
rungen und damit zu großen Schwierigkeiten beim Auffinden
des Optimums führen. Entnimmt man z.B. pro Schnittbedingungs-
kombination nur einen einzigen Stützwert für die Verschleißgeschwindigkeit, mit der Absicht, in Verbindung mit einem
"schnellen" Suchverfahren zu einer besonders schnellen
Optimierung zu kommen, dann scheint dieses Vorgehen in
Anbetracht der zu erwartenden Störungen wenig erfolgversprechend zu sein. Auf der anderen Seite nähert sich ein
"langsames" störunempfindliches Suchverfahren, das auf
eine Vielzahl von redundanten Verschleißmeßwerten zurück-
greift, zwar mit großer Sicherheit in der Entscheidung, ob
eine Verbesserung oder Verschlechterung des Güteindex vorliegt, kontinuierlich dem optimalen Arbeitspunkt, es benötigt dafür aber viel Zeit, die mit entsprechend großem
Verschleißzuwachs einhergeht. Hier liegt offenbar das
Optimierungsproblem vor, Verfahren und Anzahl von redundanten Verschleißmessungen so zu wählen, daß bei gegebener Störungscharakteristik des Meßsignals möglichst
wenig Zeit vergeht, bis der optimale Arbeitspunkt gefunden ist. Feldbaum [7.3] hat dieses Problem unter ver-
einfachenden Annahmen über die Zielfunktion, die Art der
Störung und der Suche lösen können. Er hat dabei festgestellt, daß es in den untersuchten Fällen auch bei kleinem
Signal-Rausch-Verhältnis selten sinnvoll ist, die Anzahl m

der redundanten Messungen über m = 2 zu erhöhen, er hat
aber nicht ausgeschlossen, daß bei anderen Zielfunktio-
nen und Störeigenschaften eine höhere Redundanzzahl angebracht sein kann. Den Ergebnissen ist jedoch zu entnehmen, daß die Anzahl der Suchschritte und damit die
Suchzeit bei relativ großen Störungen im wesentlichen
durch das Signal-Rausch-Verhältnis des Meßsignals (Rauschzahl) und die Form des Suchverfahrens und nur wenig von
der Redundanzzahl beeinflußt wird (Bild 7-1).

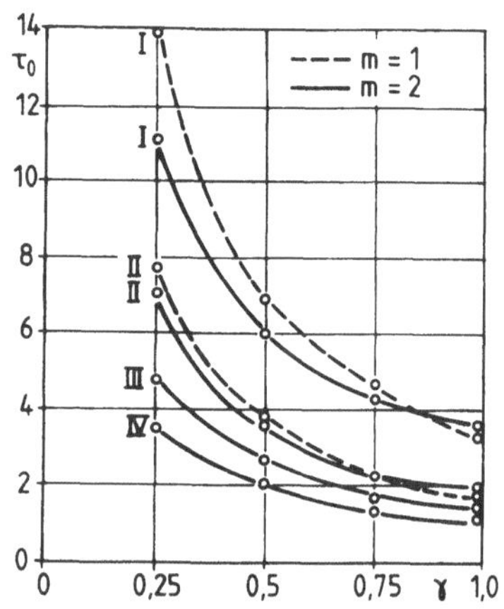

Bild 7-1   Abhängigkeit zwischen zusätzlicher Suchzeit
           und Rauschzahl (nach [7.3])

Zur Verbesserung des nach Abschnitt 6 zu erwartenden Signal-
Rausch-Verhältnisses bei der Verschleißmessung wird daher
das Meßsignal zunächst gefiltert, bevor es im Suchverfahren
verarbeitet wird.

7.1 Signalvorfilterung

Die Signalvorfilterung kann im Prozeßrechner an den digitalen Verschleißmeßwerten mit der Methode der Trendapproximation [6.3] durchgeführt werden.

Bei dieser Methode wird über einem bestimmten Zeitab-
schnitt, dem sogenannten Einflußbereich, eine zeitliche
Mittelung der Meßwerte vorgenommen, und zwar derart, daß
neue Meßwerte bei der Mittelwertbildung stärker berücksichtigt werden, als zeitlich weiter zurückliegende. Er-
streckt sich der Einflußbereich über N Meßwerte, die im
Zeitraster mit dem Abstand T_o vorliegen (Bild 7-2), so
ergibt sich der Zeitmittelwert durch Multiplikation von
Meßsignal und Verteilungsdichtefunktion und anschließender
Integration über den betrachteten Zeitbereich

$$\hat{W} = \int_{T_a}^{T_e} W(t) \cdot q(t)\, dt \qquad T_e - T_a = N \cdot T_o \qquad (7.1)$$

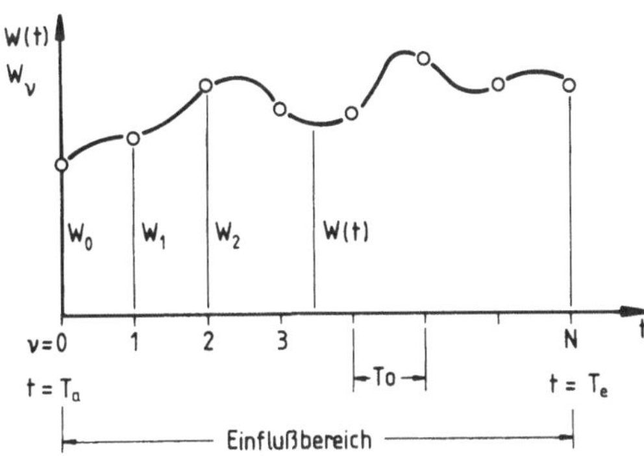

Bild 7-2 Größen- und Begriffsdefinitionen

Die zunächst nicht näher bestimmte Verteilungsdichtefunktion wird in Form einer Potenzreihe

$$q(t) = \sum_{i=o}^{r} c_i (t-T_a)^i \qquad T_a \leqslant t \leqslant T_e \qquad (7.2)$$

$$q(t) = o \qquad\qquad \text{sonst}$$

angesetzt, welche das Meßsignal längs der Zeitachse in
einer für die Aussagekraft des Mittelwertes günstigen Form
bewertet. Nach Einsetzen von (7.2) in (7.1) ergibt sich
die Darstellung

$$\hat{W} = \sum_{i=o}^{r} b_i \cdot \hat{h}_i(W) \tag{7.3}$$

mit den statistischen Trenderwartungswerten $\hat{h}_i(W)$ für die Meßgröße $W(t)$. Für zeitdiskrete Meßwerte $(t = \nu \cdot T_o)$ ergibt sich $\hat{h}_i(W_\nu)$ zu

$$\hat{h}_i(W_\nu) = \sum_{\nu=o}^{N} W_\nu \cdot g_i(\nu) \tag{7.4}$$

mit
$$g_i(\nu) = \frac{i+1}{\nu} \left(\frac{\nu}{N}\right)^{(i+1)} \quad \text{für } \nu \geqslant o, \tag{7.5}$$

$$g_i(\nu) = o \qquad\qquad \text{für } \nu \leqslant o,$$

$$i = 0, 1, 2, \ldots, r$$

und
$$\sum_{\nu=o}^{N} g_i(\nu) = 1 \tag{7.6}$$

Um die Meßgröße in ihrem zeitlichen Verlauf verfolgen zu können, wird mit dem Eintreffen eines neuen Meßwerts der Einflußbereich um ein Inkrement T_o der Zeitachse in Richtung wachsender Zeit verschoben (Bild 7-3).

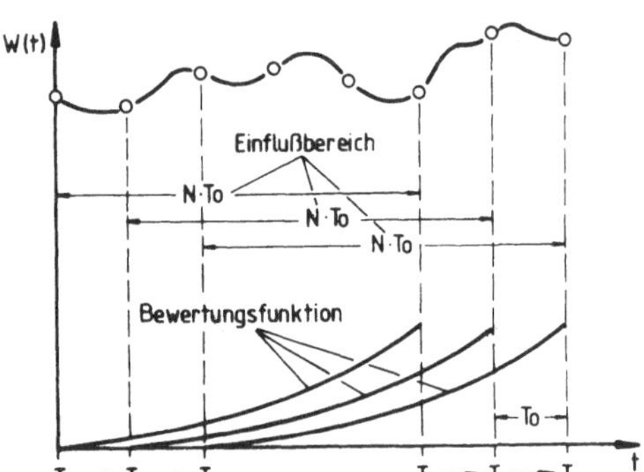

Bild 7-3   Verschiebung von Einflußbereich und Bewertungsfunktion

Wegen der konstanten Länge $N \cdot T_o$ des Einflußbereiches
kommt zu den zu mittelnden Werten ein neuer Meßwert
hinzu, während der älteste Meßwert wegfällt. Vorteilhaft (weil speicherplatz- und rechenzeitsparend) für
die Verwendung dieser gleitenden Schätzwertbildung in
Prozeßrechnerprogrammen ist die Tatsache, daß sich die
neu zu bildenden Schätzwerte rekursiv aus alten Schätzwerten und neu hinzukommenden Meßwerten errechnen lassen.
Hierbei wird der Trenderwartungswert $\hat{h}_i(W)$ rekursiv
nach der Formel

$$\hat{h}_{i,neu}(W) = \hat{h}_{i,alt}(W) \, (1-f_i) + W_{neu} \cdot f_i \qquad (7.7)$$

$$\text{mit} \quad f_i = \frac{i+1}{N} \, , \quad i = 0,1,2,\dots r < N-1 \qquad (7.8)$$

aktualisiert.

Die wiederholte Anwendung des Algorithmus (7.7) bewirkt
eine Filterung des Meßsignals durch Faltung mit der
Impulsantwort

$$a_i(t) = f_i \, (1-f_i)^{N-t} \qquad (7.9)$$

Unter der Annahme eines weißen Rauschens mit der Varianz
σ_e^2 als additive Störkomponente, erhält man eine Störungs-
reduzierung infolge der Trenderwartungswertbildung gemäß

$$\sigma_a^2 = \sigma_e^2 \cdot \frac{f_i}{2-f_i} \qquad (7.10)$$

wobei σ_a^2 die Varianz der Erwartungswerte angibt, die gemäß (7.8) von der Anzahl N der Meßwerte im Einflußbereich
und der Ordnung i der gebildeten Erwartungswerte abhängt.

Für die Beschreibung des instationären Verschleißmeßsignals werden neben den geschätzten Meßwerten weitere
Informationen über die Signalcharakteristik benötigt
wie z.B. Steigung oder Krümmung, die gleichfalls
statistisch geschätzt werden sollen.

Hierzu kann der deterministische Anteil des Meßsignals
im Einflußbereich durch ein Polynom der Form

$$p(t) = \sum_{j=o}^{n} b_j \cdot \frac{t^j}{j!} \qquad j = o,1,\ldots,n \qquad (7.11)$$

approximiert werden, dessen zunächst unbekannte Koeffizienten b_j sich mit Hilfe von Trenderwartungswerten
folgendermaßen schätzen lassen:

Es sei $\tilde{\hat{B}}$ der Spaltenvektor der unbekannten Koeffizienten
und h der Spaltenvektor der Trenderwartungswerte

$$\tilde{\hat{B}} = \begin{bmatrix} \hat{b}_o \\ \hat{b}_1 \\ \hat{b}_2 \\ \cdot \\ \cdot \\ \cdot \\ \hat{b}_n \end{bmatrix} \qquad \tilde{\hat{h}} = \begin{bmatrix} \hat{h}_o \\ \hat{h}_1 \\ \hat{h}_2 \\ \cdot \\ \cdot \\ \cdot \\ \hat{h}_r \end{bmatrix}$$

dann ergibt sich mit Hilfe der $(r+1, n+1)$- Trendmatrix $\bar{G}$
mit den Elementen

$$G_{ij} = \frac{(N\, T_o)^j}{[\,1 + \frac{j}{(i+1)}\,]\, j!} \qquad \begin{array}{l} i = o,1,\ldots,\, r \leqslant N-1 \\[4pt] j = o,1,\ldots,\, n \leqslant r \end{array}$$

$$\qquad (7.12)$$

$\tilde{\hat{B}}$ zu

$$\tilde{\hat{B}} = [\,\bar{G}^T \cdot \bar{G}\,]^{-1} \cdot \bar{G}^T \cdot \tilde{\hat{h}} \qquad (7.13)$$

Die Matrix $\bar{G}$ ist für festes N, r und n konstant, während
die charakteristischen Koeffizienten des Signals durch
rekursive Erneuerung von $\tilde{\hat{h}}$ nach Gleichung (7.7) ständig
an den Signalverlauf angepaßt werden können.
Für die Filterung und Approximation der Verschleißmeßwerte
müssen Trenderwartungswerte und Approximationspolynom

mindestens bis zur 1. Ordnung verwendet werden, um einen
linearen Trend beim Verschleißanstieg erfassen zu können.
Im Falle r = n = 1 ist die Gleichung (7.13) eindeutig
lösbar und man erhält den Schätzwert 1. Ordnung mit Hilfe
der Formel

$$\hat{W}_1 = 4 \cdot \hat{h}_o - 3 \cdot \hat{h}_1 + 6 \cdot (\hat{h}_1 - \hat{h}_o) \cdot \frac{\nu}{N} \qquad (7.14)$$

und die beiden benötigten Trenderwartungswerte h_o und h_1
aus den Rekursionsformeln

$$\hat{h}_{o,neu} = \hat{h}_{o,alt} \cdot (1 - \frac{1}{N}) + W_{neu} \cdot \frac{1}{N} \qquad (7.15)$$

$$\hat{h}_{1,neu} = \hat{h}_{1,alt} \cdot (1 - \frac{2}{N}) + W_{neu} \cdot \frac{2}{N} \qquad (7.16)$$

Die Gleichung (7.14) stellt eine Approximation des Meßsignals im Einflußbereich mit der Geraden

$$p(t) = \hat{b}_o + \hat{b}_1 t$$

für diskrete Zeitabschnitte $t = \nu T_o \quad \nu = o,1,2,\ldots,N$
dar, die den Achsenabschnitt

$$\hat{b}_o = 4 \cdot \hat{h}_o - 3 \cdot \hat{h}_1 \qquad (7.17)$$

und die Steigung

$$\hat{b}_1 = \frac{6}{N\,T_o} \cdot (\hat{h}_1 - \hat{h}_o) \qquad (7.18)$$

besitzt, welche beim Verschleißmeßsignal als eine Schätzung
der Verschleißgeschwindigkeit aufgefaßt werden kann.
An der Gestalt der Gleichungen (7.15) und (7.16) erkennt
man die Verwandschaft des dargestellten Schätzungsver-
fahrens mit den exponentiellen Ausgleichsverfahren von
Brown in [7.4] und [7.5], die auf Schätzformeln der Art

$$\hat{W}_{neu} = \hat{W}_{alt} \cdot (1-a) + W_{neu} \cdot a$$

unter Verwendung des sogenannten Glättungsfaktors oder

Ausgleichsparameters a mit $o < a < 1$ beruhen.

Im Gegensatz zur exponentiellen Ausgleichung 2. Ordnung (die für die Glättung von diskreten Zeitreihen mit linearem Trend geeignet ist [7.4÷7.7]) liefert die Trendapproximation 1. Ordnung gemäß der aus [6.3] entnommenen Beziehungen (7.17) und (7.18) keine zumindest asymptotisch erwartungstreuen Schätzwerte beim Test an einer Rampenfunktion ohne Störkomponente. (Zur Prüfung der Erwartungstreue bei der exponentiellen Ausgleichung siehe [7.6]). Aus der Erfahrung des Verfassers läßt sich die Erwartungstreue der zu schätzenden Meßwerte durch geeignete Wahl der Zeitvariablen $\frac{\nu}{N}$ in Gleichung (7.14) erreichen, die auch dazu genutzt werden kann [6.3], die Schätzung im Sinne einer Signalglättung ($\frac{\nu}{N} < \frac{n-1}{N}$), einer Signalfilterung ($\frac{\nu}{N} = \frac{N-1}{N}$) oder Signalvorhersage ($\frac{\nu}{N} > \frac{N-1}{N}$) zu steuern. Hier hat sich an Simulationsbeispielen gezeigt, daß der Faktor $\frac{\nu}{N} = 0,82$ für $N > 10$ eine gute Annäherung zwischen Schätzwerten und vorgegebenen Werten bewirkt. Die erwartungstreue Schätzung der Steigung der Rampentestfunktion vermag jedoch nur die Beziehung

$$\hat{b}_1 = \frac{2}{N\,T_o} \cdot (\hat{h}_1 - \hat{h}_o) \qquad (7.19)$$

zu leisten, die man analog zu der in [7.7, S. 446-447] für die exponentielle Glättung angegebenen Ableitung gewinnen kann. Wie die Bilder 7-4 und 7-5 zeigen, weisen nach diesen Korrekturen die Trendapproximation 1. Ordnung und die exponentielle Ausgleichung 2. Ordnung fast gleiches Zeitverhalten (und damit fast gleiche Störunterdrückung) bei entsprechender Zuordnung zwischen der auf T_o normierten Einflußbereichslänge N und dem Glättungsfaktor a auf. Dies gilt sowohl für die Annäherungsvorgänge zwischen Schätzwerten und Meßwerten, als auch für Annäherungsvorgänge zwischen geschätzten und vorgegebenen Steigungen bei einer Rampentestfunktion.

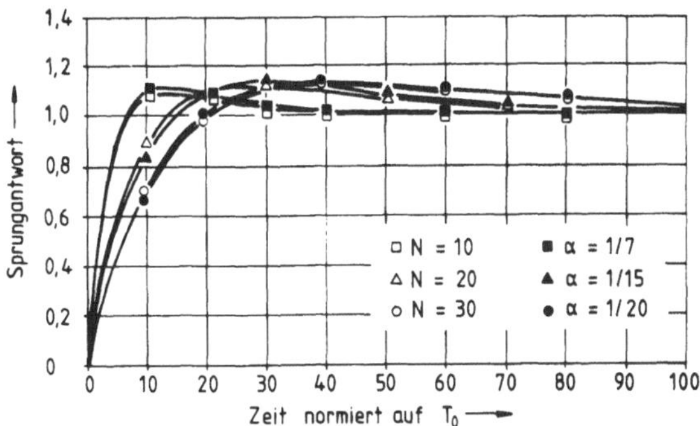

Bild 7-4   Antwort der Glättungsprozesse bei
           sprungförmigem Eingangssignal

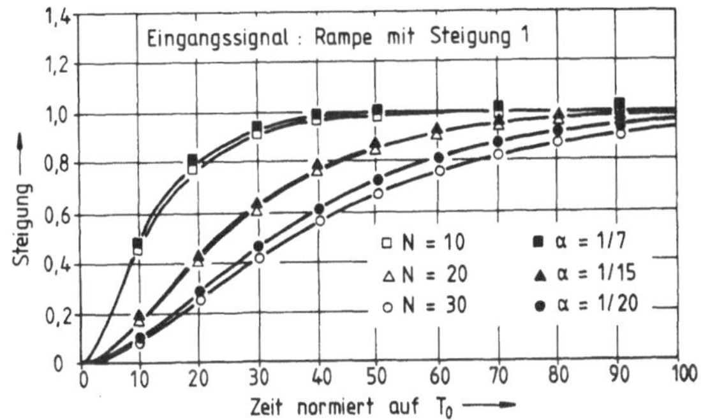

Bild 7-5   Antwort der Glättungsprozesse bei sprungförmiger
           Steigungsänderung des Eingangssignals
           (Rampe mit 45°-Anstieg)

Das Zeitverhalten von Sprungantwort und Rampenantwort bei
der Trendapproximation ist von der Länge $N \cdot T_o$ des Einflußbereiches abhängig, d.h. von der Abtastperiode T_o und der
Anzahl N der Meßwerte, die zum Einflußbereich gehören.

Bei der Sprungantwort vergeht die Zeit, die ungefähr
einer Einflußbereichslänge entspricht, bis die geglättete
Ausgangsgröße von der Eingangsgröße dauerhaft um weniger
als 10 % abweicht. Ändert sich die Steigung der Eingangs-
größe um einen Betrag von 1, so vergeht ungefähr das
Dreifache der obengenannten Zeit, bis die geglättete
Ausgangsgröße dem neuen Verlauf mit weniger als 10 %
Abweichung folgen kann.
Wie man aus Gleichung (7.10) ablesen kann, ist die Störunterdrückung der Trendapproximation um so größer, je
größer N ist. Auf der anderen Seite vergrößert sich jedoch gleichzeitig die Verzögerungszeit bis zur erwünschten
Annäherung der geglätteten Meßwerte an eine bleibende
Änderung im Trend der Meßwerte. Hier gibt die Methode
von Trigg [6.2] die Möglichkeit, über die auftretenden
Abweichungen zwischen gefilterten und ungefilterten Meßwerten die Einflußbereichslänge so zu steuern, daß bleibende Trendänderungen besser verfolgt werden können.
Zur schnelleren Anpassung an den neuen Trend verkürzt
man den Einflußbereich während der Übergangszeit proportional zu einem Fehlersignal (Tracking Signal), das
aus dem Verhältnis von geglättetem zu geglättetem absoluten Fehler zwischen Meß- und Schätzwert gebildet wird.
Durch diese Beziehung wird der Einflußbereich bei Nach-
lassen der Abweichungen wieder verlängert, so daß sich
die während der Übergangszeit verminderte Störunterdrük-
kung wieder auf den gewünschten Wert einstellt.

Mit dem Verfahren der Trendapproximation hat man somit
die Möglichkeit, insbesondere das Verschleißmeßsignal
auf prozeßrechnergerechte Weise zu filtern (geringer
Rechenzeit und Speicherplatzbedarf durch rekursive
Algorithmen) ohne vom momentanen Signalverlauf allzu-
sehr abzukommen, denn einerseits werden neu hinzu-
kommende Meßwerte bei der Mittelwertbildung stärker ge-
wichtet als weiter zurückliegende und andererseits
lassen sich durch automatische Anpassung des Einfluß-

bereichs bleibende Trendänderungen schnell verfolgen.
Innerhalb des ACO-Systems ergeben sich durch diese Eigen-
schaften der Filterung die gewünschte Verringerung der
Unsicherheit bei der Interpretation von Prozeßreaktionen
auf Änderungen der Stellgrößen im Suchverfahren und ein
schnelles Ansprechen des gefilterten Meßsignals auf
Trendänderungen nach dem Umschalten der Stellgrößen beim
Suchprozeß.

7.2 Zielfunktion

Da Schnittiefe und Fräsbreite für die Dauer eines Opti-
miervorgangs als konstant angenommen werden (s. Abschn.4),
ergibt sich als Bezugswert für die Bearbeitungskosten
bzw. die Bearbeitungszeit statt der abgefrästen Volumen-
einheit die abgefräste Längeneinheit.
Die Zielfunktion erhält dadurch die Form

$$k_l = k_t \cdot \frac{1}{u} + k_w \cdot \frac{\dot{W}}{u} \qquad (7.20)$$

$$= k_t \cdot \frac{1}{u} \left(1 + \frac{k_w}{k_t} \cdot \dot{W}\right) \; .$$

Mit

$$k_w = \frac{k_t \cdot t_w + K_N}{W_{max}}$$

ergibt sich

$$k_l = k_t \cdot \frac{1}{u} \left(1 + \frac{t_w + \dfrac{K_N}{k_t}}{W_{max}} \cdot \dot{W}\right) \qquad (7.21)$$

$$= k_t \cdot \frac{1}{u} \left(1 + g_w \cdot \dot{W}\right) \qquad (7.22)$$

Der Faktor g_w bestimmt das Gewicht des Werkzeugverschleißes
bei der Kosten- bzw. Zeitbeurteilung. Kommt es z.B. auf
schnellstmögliche Bearbeitungszeit an und spielen die
Kosten für neue Schneiden keine Rolle, so setzt man
$K_N = o$ und man erhält auf der linken Seite der Gleichung

mit $k_t = 1$ die Bearbeitungszeit pro gefräster Längeneinheit unter Berücksichtigung der für den Werkzeugwechsel
notwendigen Stillstandszeit t_w, die dem Verschleißzuwachs im Längenintervall dl entsprechend, in die Bearbeitungszeit eingerechnet wird. Aus der Beziehung (7.21)
ist ersichtlich, daß dem Werkzeugverschleiß großes Gewicht zukommt, wenn der Aufwand für die Bereitstellung
eines scharfen Werkzeugs gemessen am Maschinenstunden-
satz hoch ist.

7.3 Suchverfahren

Identifikation und Entscheidungsprozeß als Elemente des
ACO-Reglers sind bei der Optimierung direkt am Prozeß
in Form eines Suchverfahrens zusammengefaßt (suchalgorithmische Optimierung). Die Identifikation des Prozeß-
verhaltens beruht beim Suchverfahren auf der Feststellung
ob und eventuell um welchen Betrag sich der Güteindex
ändert, wenn man im Raum der Stellgrößen in einer bestimmten Richtung um einen bestimmten Betrag fort-
schreitet, der Entscheidungsprozeß darauf, wie aus
diesen (gespeicherten) Informationen neue Verstellbe-
träge für den nachfolgenden Suchschritt errechnet werden.
Um die nach der Filterung des Verschleißmeßsignals verbleibenden Schwankungen zu berücksichtigen muß ein geeignetes Suchverfahren gewählt werden. Gemäß den Über-
legungen am Anfang des Kapitels sollte es sich auf jeden
Fall um ein Verfahren mit gleichzeitigen Probe- und
Arbeitsbewegungen handeln, das eventuell mit einem Zu-
satz für Halten und Berücksichtigung des letzten Arbeits-
schrittes versehen sein soll. Arbeitet das gesuchte
Verfahren ohne metrische Information über den Betrag
der Veränderung des Güteindex von einem Suchpunkt zum
nächsten, d.h. nur mit der Information "besser" oder
"schlechter", so ist es wenig störempfindlich und man
kann wie in [1.3, S.26] erwähnt zur Einsparung von Suchzeit die Stellgrößen bereits wieder verändern, bevor sich

der Prozeß auf die vorliegenden Schnittbedingungen voll-
ständig eingestellt hat. Für die Anwendung im ACO-System
wurden das Verfahren von Rosenbrock [7.8], [7.10] und
das Mustersuchverfahren "Trial & Error" [7.9], [7.10] in
Erwägung gezogen und entsprechend modifiziert, so daß
Randbedingungen und Störeinwirkungen beachtet werden
können. Die Struktur des Rosenbrock-Verfahrens gemäß
[7.8] wurde nur insofern verändert, daß die Schrittweiten
nach oben und unten einen vorgegebenen Wert nicht überschreiten bzw. unterschreiten durften. Hierdurch konnte
man vermeiden, daß die Grenzen des Lösungsbereiches, wenn
auch nur kurzzeitig, zu weit überschritten werden und
eine irrtümliche Schrittweitenvergrößerung bei Störungen
nicht zuweit von momentanen Suchort, der möglicherweise
bereits in der Nähe des Optimums liegt, wegführt. Während
beim Rosenbrock-Verfahren das orthonormale System der
Suchrichtungen im Laufe der Suche gedreht wird und sowohl Schrittweitenvergrößerungen, als auch Schrittweiten-
verkleinerungen vorkommen können, arbeitet das modifizierte
Trial & Error-Verfahren nur in Richtung der Koordinaten-
achsen s_z und v und führt ausgehend von einer Anfangsschrittweite nur Schrittweitenreduzierungen bis auf eine
vorgegebene untere Grenze durch. Hierbei wird immer der
neue Suchpunkt als Ausgangspunkt für die folgenden Suchschritte gewählt und die jeweilige Suchrichtung solange
beibehalten, wie sie eine Verbesserung (Verminderung) des
Güteindex bewirkt. Diese Verfahren sind zunächst an einem
simulierten Prozeß unter simulierten Störungen auf ihr
Verhalten beim Suchen des optimalen Arbeitspunktes und
beim "Halten" des optimalen Arbeitspunktes nach Veränderung der Prozeßparameter getestet worden. Das Verschleißverhalten wurde mit

$$\dot{W} = 0{,}2 \; v^{\alpha} \cdot s_z^{\beta} \; [\mu m/min] \qquad \begin{array}{c} 2 \leqslant \alpha \leqslant 3 \\ 1 \leqslant \beta \leqslant 2 \end{array}$$

beschrieben und die Zielfunktion

$$\dot{k} = \frac{1 + \dot{W}}{s_z \cdot v}$$

im Lösungsbereich

$$0{,}1 \text{ mm} \leqslant s_z \leqslant 0{,}5 \text{ mm}$$

$$1 \text{ m/s} \leqslant v \leqslant 5 \text{ m/s}$$

betrachtet. Bei relativ kleiner Störung der Güteziffer
(10 % Rauschen, dreiecksverteilt, Mittelwert null) fanden
beide Verfahren das Minimum bis auf die durch die Störung
bedingten Ungenauigkeiten in weniger als dreißig Such-
schritten. Die Anfangsschrittweiten waren dabei jeweils
zu 10 % des zulässigen Bereiches in der jeweiligen Achs-
richtung gewählt worden. Auch bei zufälligem Ändern der
Parameter a und β konnten die Verfahren dem Optimum folgen.
Die Schrittzahl bis zum Erreichen des optimalen Arbeitspunktes vergrößert sich mit der Einführung der Randbedingungen "maximal zulässiges Spindeldrehmoment" und "maximal
zulässige Spindelleistung". Bei Überschreitung einer
dieser Randbedingungen, die durch Messung des Drehmomentes
(bzw. des Produktes von Drehmoment und bekannter Winkel-
geschwindigkeit) überwacht werden, wird der Vorschub
und/oder die Schnittgeschwindigkeit so verändert, daß der
Suchpunkt innerhalb der Grenzen des Lösungsbereiches zu
liegen kommt. In Programmflußrichtung wird zunächst überprüft, ob das zulässige Spindeldrehmoment überschritten ist
und gegebenenfalls der Vorschub in zwei Schritten verringert.
Der erste Schritt geht von der Modellvorstellung

$$M_d = c_d \cdot s_z$$

aus und es kann ein erster Korrekturwert s_{z_1} nach der
Formel

$$s_{z_1} = \frac{M_{d_{max}}}{c_{d_1}} \qquad \text{mit } c_{d_1} = \frac{M_{d_0}}{s_{z_0}}$$

errechnet und eingestellt werden (Bild 7-6).

Da die Kurve $M_d\,(s_z)$ im allgemeinen nach unten hohl ist
wird man bei s_{z_1} ein größeres Moment M_{d_1} als das erwartete
$M_{d_{max}}$ messen.

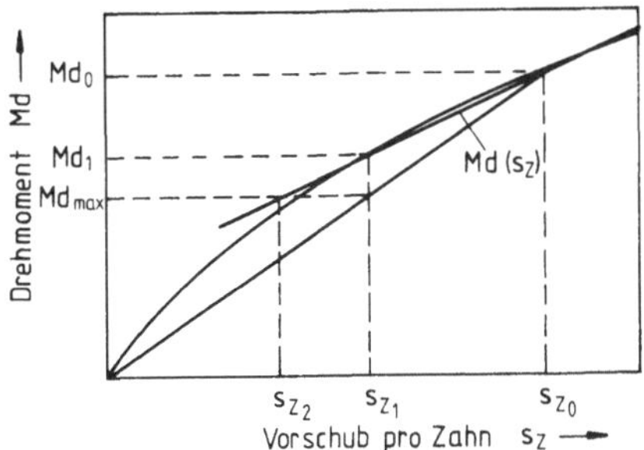

Bild 7-6   Vorschubreduzierung nach Überschreiten
           der Drehmomentgrenze

In einem zweiten Schritt wird M_d (s_z) durch eine Gerade
durch die beiden Stützstellen (M_{d_0}, s_{z_0}), (M_{d_1}, s_{z_1}) an-
genähert und ein zweiter Vorschubwert s_{z_2} nach der
Formel

$$s_{z_2} = s_{z_1} - \frac{M_{d_1} - M_{d_{max}}}{M_{d_0} - M_{d_1}} (s_{z_0} - s_{z_1})$$

bestimmt, der zu einem Moment M_{d_2} führt, das kleiner als
$M_{d_{max}}$ sein wird.
Es folgt nun eine Überprüfung der Leistung und falls sie
unzulässig hoch ist eine Reduzierung der Schnittgeschwindigkeit nach dem gleichen Modus wie er bereits bei der
Momentenüberschreitung beschrieben wurde, wobei s_z mit v
und M_d mit P zu vertauschen ist. Beachtet wird hierdurch
die Abhängigkeit des Drehmomentes von der Schnittgeschwindigkeit, deren Verkleinerung im betrachteten Bereich er-
fahrungsgemäß zu einer Erhöhung der Hauptschnittkräfte
führen kann.
Bei Überschreiten der Temperaturgrenze wird ebenfalls die
Schnittgeschwindigkeit verkleinert und zwar solange in
festen Schritten von $\Delta v = 0,1$ m/s bis zulässige Temperaturen erreicht werden.

Nach einer notwendigen Korrektur des ursprünglich vom
Suchverfahren gewünschten Suchpunktes außerhalb des erlaubten Bereiches, wird die Suchrichtung in das Bereichs-
innere umgesteuert, so daß nicht mit dem nächsten Suchschritt bereits wieder die Bereichsgrenzen überschritten
werden. Beim Erreichen der Bereichsgrenzen ergibt sich
je nach Verfahren die im Bild 7-7 dargestellte Reaktion.

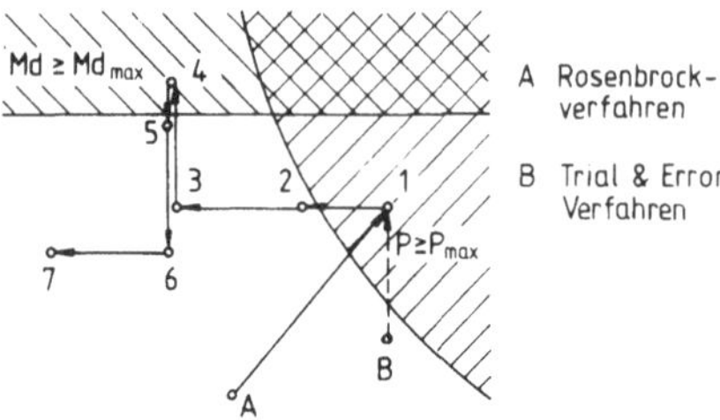

Bild 7-7   Verlauf der Suche am Rand des Lösungsbereiches

7.4   Regleraufbau

Aus den genannten Elementen wurde ein ACO-Regler in Form
eines Prozeßrechnerprogramms aufgebaut, dessen Struktur
in Bild 7-8 gezeigt wird.

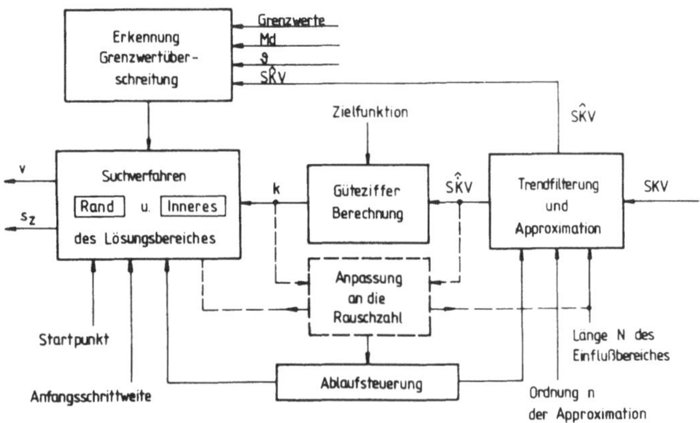

Bild 7-8   Struktur des ACO-Reglers

Die Meßgröße Schneidkantenversatz wird zunächst einer Filterung und Trendapproximation unterworfen, so daß die
Schätzwerte $\hat{SKV}$ und $\dot{\hat{SKV}}$ entstehen. Daraufhin wird aus den
Stellgrößen und $\hat{SKV}$ die Güteziffer k errechnet und an das
Suchverfahren weitergeleitet. Nach einem Vergleich von k
mit dem Wert der letzten Abtastperiode werden im programmierten Suchverfahren neue Stellwerte für v und s_z gene-
riert. Ein Überschreiten der Grenzen des zulässigen Arbeits-
bereiches wird anhand der Meßgrößen M_d und der abgeleite-
ten Größe $P = M_d \cdot \dfrac{v}{D/2}$ erkannt und sofort das Unterprogramm
aktiviert, das neue zulässige Suchpunkte in der Nähe des
Randes erzeugt und die Suchrichtung umsteuert. Im Falle
einer Überschreitung des maximal zulässigen Schneidkantenversatzes wird das Programm beendet. Mit Hilfe der Echtzeituhr des Prozeßrechners sorgt die Ablaufsteuerung für
die Einhaltung der zeitlichen Reihenfolge beim Anstoßen der
Programmelemente des ACO-Reglers. Eine verbesserte Adaption
des Suchverfahrens und der Filterung an das Prozeßverhalten
läßt sich durch Hinzufügen der in Bild 7-8 gestrichelt ein-
gezeichneten Anpassungseinheit erreichen (siehe [7.11]).
Durch Messung des Signal-Rausch-Verhältnisses (Rauschzahl)
werden der Einflußbereich als auch die Zahl redundanter
Messungen beim Halten des Suchverfahrens so gesteuert, daß
im Falle gleichbleibender Störintensität und Schrittweite
das Suchen in Bereichen starker Gütezifferänderung schneller abläuft als dort, wo die Zielfunktion relativ unempfindlich auf Änderungen der Stellgrößen reagiert.
Die Eingabegrößen des Regelprogramms (Reglerparameter) sind
die Länge des Einflußbereiches, die Ordnungszahl für Filterung und Trendapproximation, die Zielfunktion, die Grenzwerte für den zulässigen Arbeitsbereich und den maximalen
Verschleiß, sowie Startpunkt und Anfangsschrittweite des
Suchverfahrens. Innerhalb des ACO-Regelprogramms werden die
Meßgrößen Schneidkantenversatz der Nebenschneidenfase,
Spindeldrehmoment und Temperatur der Plattenauflage zu der
vom angewandten Suchverfahren abhängigen Verstellstrategie
für die Stellgrößen Schnittgeschwindigkeit und Vorschub pro
Zahn verarbeitet, die auf eine Optimierung der genannten
Zielfunktion auch unter Einfluß von Störungen hinwirkt.

8. AUFBAU UND TEST DES ACO-SYSTEMS

Für den Aufbau des ACO-Systems "Fräsen" konnte die Versuchsanlage nach Bild 6-1 genutzt werden, weil sie die geräte-
technischen Voraussetzungen für die Meßgrößenerfassung und
die Beeinflussung der Stellgrößen des Fräsprozesses bereits
erfüllte. Bild 8-1 zeigt den Versuchsstand in der Maschinen-
halle, Bild 8-2, das mit den Meßwertaufnehmern versehene
Werkzeug, das für die Fräsversuche unter Kontrolle des ACO-
Reglers Verwendung fand.

Bild 8-1 Versuchsstand

Die vorhandene Wirkungskette Stellglieder-Fräsprozeß-Meß-
glieder wurde nun durch den ACO-Regler zu einem Regelkreis
und damit zu einem ACO-System gemäß Bild 1-1 ergänzt. Mit
dem Einfügen des Reglers ist die Möglichkeit einer Rück-
wirkung von Ausgangsgrößen auf die Eingangsgrößen der

Bild 8-2   Versuchsmesserkopf in eingebautem Zustand mit
           Meßwertaufnehmern und Kabelanschlüssen am
           Spindelkopf

Wirkungskette im Sinne eines selbsteinstellenden Systems
[7.3] gegeben. Dieses Einfügen des Reglers erfolgte durch
Einfügen von Software (d.h. des Regelprogrammes) in den
Befehlsstrom desjenigen Programmes, das für die Untersuchungen in Abschnitt 6 innerhalb des Prozeßrechners
die Meßdateneingabe, die Meßwertverarbeitung und die Ausgabe von Steuerdaten an die Fräsmaschine bewältigt hat
(Bild 6-2). Von außen brauchen daraufhin, im Gegensatz
zu dem in Bild 6-2 gezeigten Programmfluß lediglich Startwerte für die Stellgrößen Vorschub pro Zahn und Schnittgeschwindigkeit eingegeben werden, während der folgende
Stellgrößenverlauf durch die Reglerstrategie automatisch
festgelegt und nur durch die Meßgrößen bestimmt ist.

Beim Planfräsen von Stahl Ck 45 wurden unter den aus
Abschnitt 6 bekannten Versuchsbedingungen, hinsichtlich
Maschine, Werkzeug, Zahneingriffsverhältnissen und
Schnittiefe, die Eigenschaften der vorliegenden Regler-
varianten untersucht und günstige Reglerparameter er-
mittelt.
Die Variation der Stellgrößen war im Bereich

$$0,1 \text{ mm} \leqslant s_z \leqslant 0,45 \text{ mm}$$

$$1 \text{ m/s} \leqslant v \leqslant 3,5 \text{ m/s}$$

zulässig, solange nicht die Leistungs- bzw. die Drehmo-
mentgrenze den Stellgrößenbereich weiter einschränkten.
Wegen des verwendeten zweischneidigen Werkzeugs - der
Messerkopf war mit zwei um 180° versetzt angeordneten
Wendeschneidplatten bestückt- wurden diese Grenzen bei

$$M_d \leqslant M_{d_{max}} = 70 \div 100 \text{ Nm}$$

$$P \leqslant P_{max} = 2 \div 3 \text{ kW}$$

festgesetzt, damit bei der zu erwartenden (vergleichsweise
geringen) Spindelbelastung das Reglerverhalten an Grenzen
dieser Art beobachtet werden konnte. Die mit

$$\vartheta \leqslant \vartheta_{max} = 200^\circ C$$

angesetzte Temperaturgrenze für die an der Plattenauflage
gemessene Temperatur, ist im gegebenen Vorschub-Schnitt-
geschwindigkeitsbereich in keinem der untersuchten Be-
arbeitungsfälle überschritten worden. Da vom Verfahren
her keine Schwierigkeiten bei der Behandlung von auftretenden unzulässigen Temperaturen zu erwarten waren,
wurde auf eine Darstellung solcher Vorgänge bei der Betrachtung des Reglerverhaltens verzichtet.

Am Anfang der Untersuchungen stand die Ermittlung des
Filterparameters N, der einerseits die Störunterdrückung
(Gl. (7.10)), andererseits das Zeitverhalten des Systems

(Bild 7-4 u. 7-5) beeinflußt. Aufgrund der Eigenschaften
des dem Verschleißmeßsignal überlagerten Störsignals, erwies sich die Einbeziehung von N $\geq$ 20 Einzelmeßwerten in
den Einflußbereich der Trendapproximation 1. Ordnung als
günstig. Bild 8-3 zeigt an einem typischen Verlauf des
Verschleißmeßsignals, daß der für die Versuche gewählte
Filterparameter N = 20 zu einem für die Suchverfahren
brauchbaren glatten Verlauf des geschätzten Verschleißes
und insbesondere der geschätzten Verschleißgeschwindigkeit
führt.

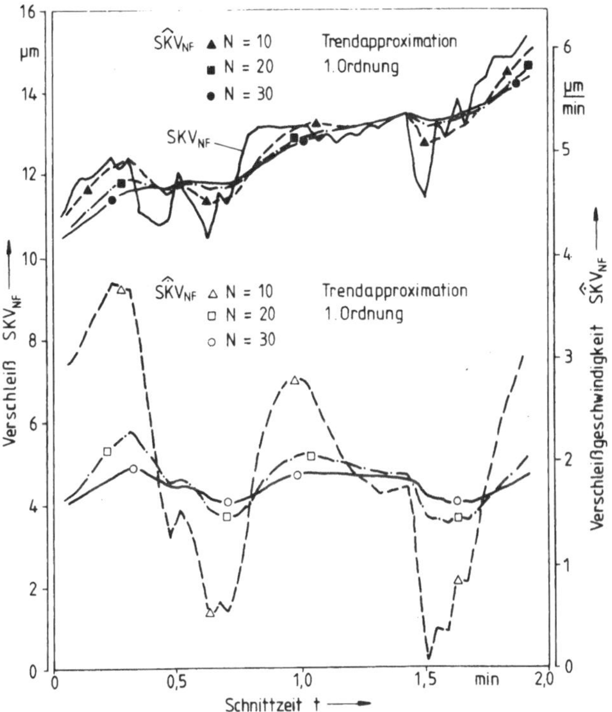

Bild 8-3 Auswirkung der Signalvorfilterung auf die Ver-
schleißkenngrößen SKV und ṠKV

Die Umschaltung der Stellgrößen während des Suchprozesses
erfolgt, wie in Abschnitt 7 angedeutet, aus Zeitgründen
bereits bevor sich das System infolge des Filterzeitver-
haltens eingeschwungen hat. Hier erschien als minimale
Wartezeit zwischen zwei Stellgrößenveränderungen ein
Zeitraum von der Länge des Einflußbereiches als ange-
messen, so daß sich die zu erwartende Steigungsänderung
bereits zu ca. 50 % vollzogen hat.

Folgt man den in [5.2, S.116] angegebenen Kostensätzen
bei der Wahl der Konstanten in der Zielfunktion, so ergibt sich für den diesen Sätzen entsprechenden Gewichts-
faktor g_w in Gleichung (7.22) ein Wert von 0,15 min/μm.
Die an der zitierten Stelle von Kamm benutzten Fixkosten-
beaufschlagten Größen k_F (Fertigungsstundensatz, im Beispiel DM 200,-- pro Stunde) und K_w (Werkzeugkosten, im
Beispiel DM 100,-- pro Standzeit) wurden für die Berechnung mit den Größen k_t, bzw. mit dem Ausdruck ($k_t \cdot t_w + K_N$)
aus der Kostenformel (7.21) gleichgesetzt, und ein maximal zulässiger Betrag von W_{max}= 200 μm für die hier meßbare Verschleißkenngröße, Schneidkantenversatz der Nebenschneidenfase, zugrunde gelegt.

Bei den durch den Lösungsbereich erlaubten Schnittbedingungen ist mit einem Verschleißwachstum von 0,2 μm/min
bis 2 μm/min zu rechnen, so daß der verschleißbedingte
Kostenanteil zwischen 3 und 30 % der allein infolge der
Bearbeitungszeit anfallenden Kosten beträgt. Läßt man
den für die Lage des optimalen Arbeitspunktes irrelevan-
ten Faktor k_t in Gleichung (7.19) weg, dann reduziert
sich die für die nachfolgend beschriebenen Untersuchungs-
ergebnisse verwendete Zielfunktion auf die Zahlenwert-
gleichung

$$k' = \frac{1}{u} \ (1 + 0,3 \cdot \dot{SKV}) \ ,$$

die die für die Bewertung des Fräsprozesses wesentlichen
Einflußgrößen Vorschubgeschwindigkeit u gemessen in mm/min
und die (geschätzte) Zuwachsrate $\dot{SKV}$ für den Schneidkantenversatz gemessen in μm/min enthält.

In den später folgenden Darstellungen ist der Wert der
Zielfunktion beim Start des Optimierverfahrens mit 100 %
festgesetzt und die errechnete Bewertungszahl mit
Kostenindex (k^*) bezeichnet.
Der zeitliche Verlauf von Meß- und Stellgrößen ist in
den Diagrammen der Bilder 8-4, 8-5 und 8-6 beispiel-
haft für unterschiedlichen Verschleiß beim Start der
Regelvorgänge und unterschiedliche Laufzeit der Suchverfahren aufgezeichnet.

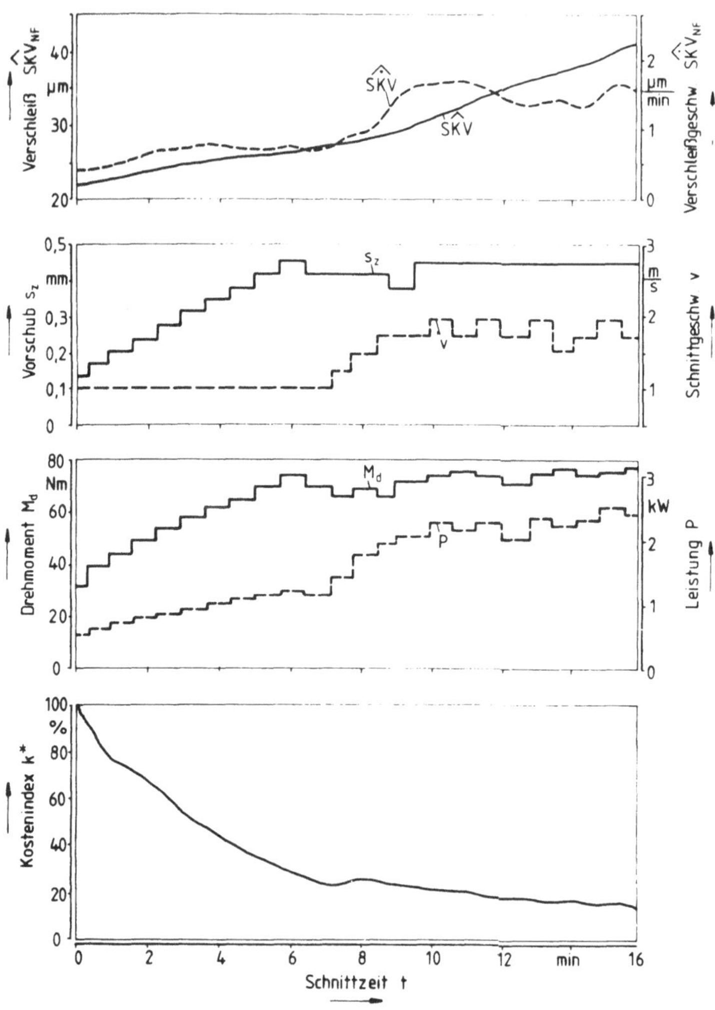

Bild 8-4 Zeitlicher Verlauf von Meß-, Stell- und Regel-
          größen

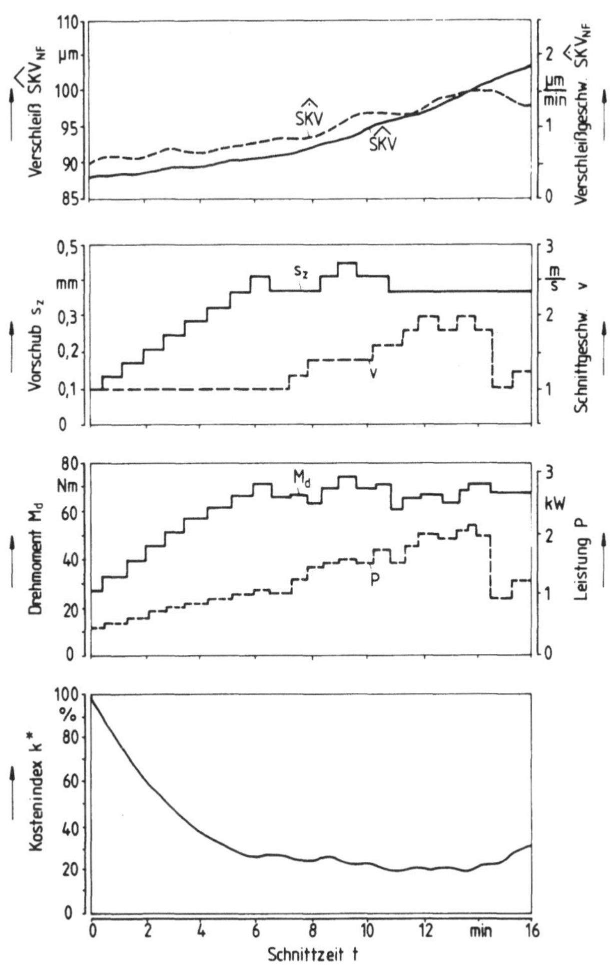

Bild 8-5   Zeitlicher Verlauf von Meß-, Stell- und Regel-
größen

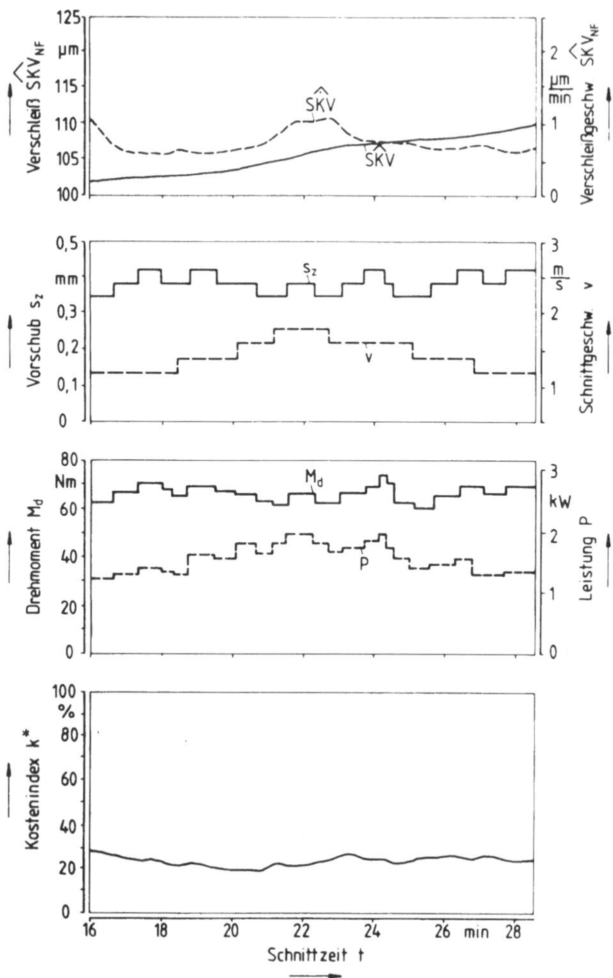

Bild 8-6   Zeitlicher Verlauf von Meß-, Stell- und Regel-
           größen (Fortsetzung von Bild 8-5)

An diesen Darstellungen soll in erster Linie die Form
der Prozeßreaktionen auf Änderungen der Stellgrößen Vorschub pro Zahn und Schnittgeschwindigkeit gezeigt werden
und der zeitliche Rahmen, in dem sich die Regelvorgänge
abspielen. Gleichzeitig soll deutlich gemacht werden,
wie sich Spindeldrehmoment und -leistung mit den Stellgrößen ändern und von welcher Größe die relativen Änderungen der Güteziffer sind. Man erkennt (Bilder 8-4 und
8-5), daß die wesentlichen Veränderungen der Zielfunktion
in den ersten 8 min nach dem Start der Regelvorgänge
stattfinden, wobei der Kostenindex k^* von 100 auf ca.
30 % gesenkt wird. Wie aus den beiden oberen Diagrammen
der Bilder hervorgeht, reagiert der Prozeß in Einklang
mit den in Abschnitt 6 getroffenen Feststellungen deutlich sichtbar auf die Änderungen der Stellgrößen, wobei
wegen der hier vorkommenden niedrigen Schnittgeschwindigkeiten der Einfluß des Vorschubs auf das Ausmaß des Verschleißwachstums wesentlich geringer ist, als der der
Schnittgeschwindigkeit. Dies fällt besonders zu Beginn
der Suchvorgänge auf (Bilder 8-4 und 8-5), wo das
ständige Erhöhen des Vorschubs pro Zahn nur eine geringe Zunahme der Verschleißgeschwindigkeit nach sich
zieht.
Ist der Regelmechanismus einige Zeit in Gang, (Bild 8-6)
dann stabilisieren sich die Stellgrößen in einem bestimmten Bereich und die Veränderungen des Kostenindex
werden klein gemessen an denen der Anfangsphase.
Schwankungen von Stellgrößen und Kostenindex in diesem
Stadium des Optimierprozesses sind einerseits durch
Störgrößen bedingt und andererseits durch das Bestreben
des Reglers, die Umgebung der gefundenen Arbeitspunkte
in der s_z-v-Ebene nach günstigeren Arbeitspunkten abzu-
suchen.
Das Verhalten des Reglers bei der Suche nach dem optimalen
Arbeitspunkt und beim Erreichen von Stellbereichsgrenzen
kann man deutlicher an den Bildern 8-7 bis 8-11 erkennen,
wo der Verlauf von Probe- und Arbeitsbewegungen der

Stellgrößen in Form eines Streckenzugs (Pfeile geben die
Bewegungsrichtung an) in der s_z-v-Ebene dargestellt ist.
Bei dieser Darstellungsart geht allerdings die zeitliche
Dimension verloren und man muß bei der Verfolgung des
Suchweges berücksichtigen, daß die Verweilzeit der Stellgrößen an Suchstationen außerhalb der Stellgrenzen nur
sehr kurz ist. Für den Fall einer Überschreitung von
Drehmoment und Leistungsgrenze belief sie sich im Versuch auf zwei Sekunden. Der Fall einer Überschreitung der
absoluten Vorschub- und Schnittgeschwindigkeitsgrenzen
- in den Bildern 8-10 und 8-11 sind solche Wege gestrichelt
eingezeichnet - ist nur beim Rosenbrock-Verfahren und hier
nur rechentechnisch zur Bestimmung neuer Suchrichtungen
von Bedeutung, praktisch werden diese Grenzen nie überschritten.
Die folgenden Bilder zeigen einige ausgewählte Verläufe
der Stellgrößenbewegungen für die im Regler verfügbaren
Suchverfahren nach der Trial & Error- und der Rosenbrock-
Methode. Variiert wurden die Lage des Startpunktes und
die Lage der Stellbereichsgrenzen $M_{d_{max}}$ und P_{max}.

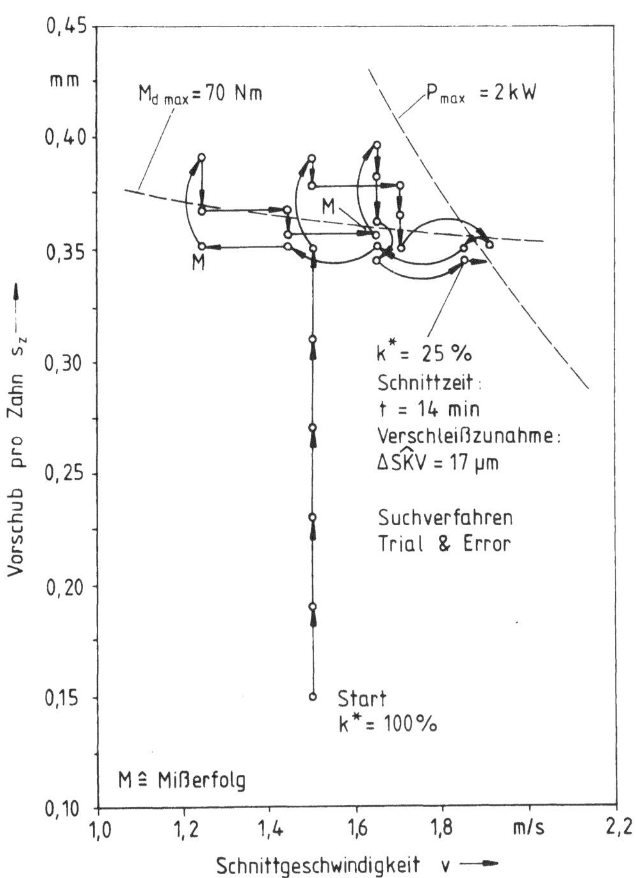

Bild 8-7 Verlauf der Stellgrößenbewegungen in der
s_z-v-Ebene

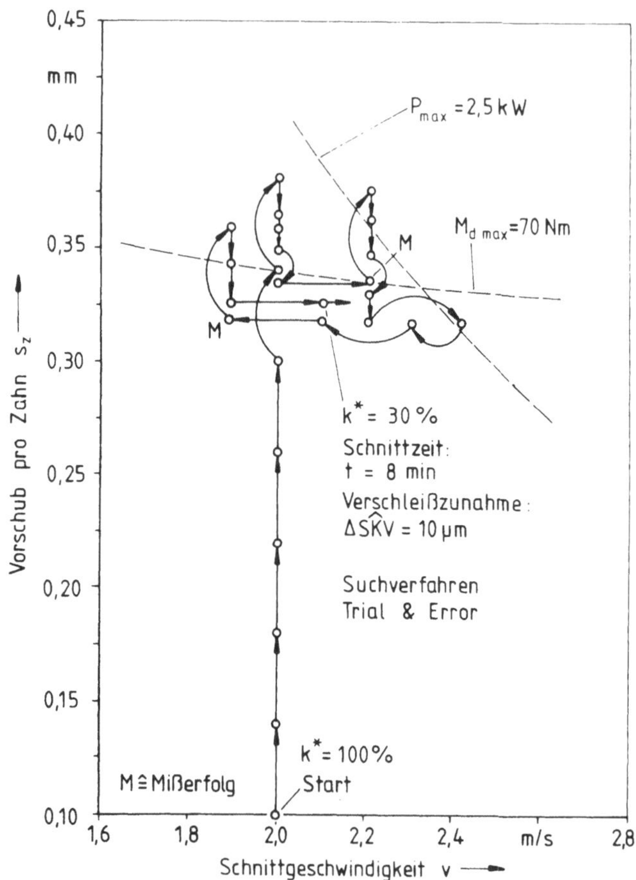

Bild 8-8   Verlauf der Stellgrößenbewegungen in der
s_z-v-Ebene

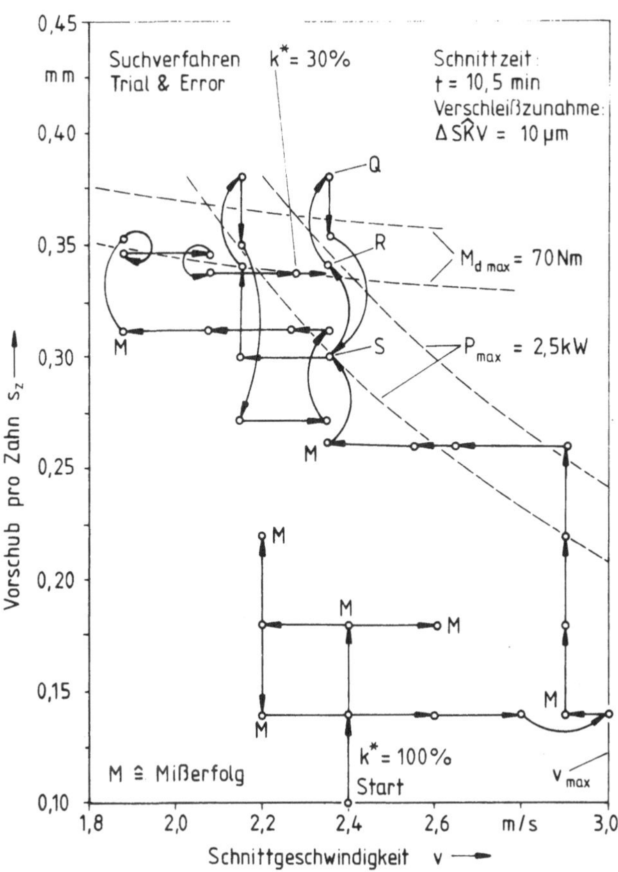

Bild 8-9   Verlauf der Stellgrößenbewegungen in der
s_z-v-Ebene

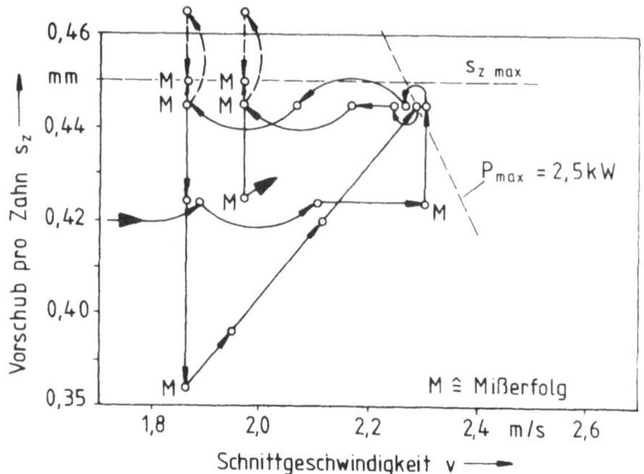

Bild 8-10   Verlauf der Stellgrößenbewegungen in
            der s_z-v-Ebene (Rosenbrock-Verfahren)

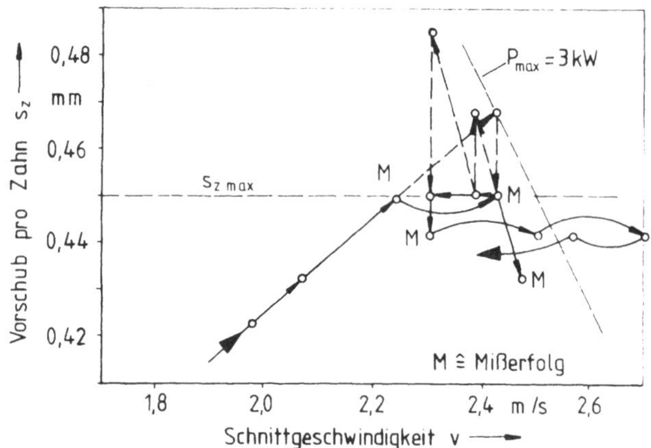

Bild 8-11   Verlauf der Stellgrößenbewegungen in
            der s_z-v-Ebene (Rosenbrock-Verfahren)

Unabhängig vom verwendeten Suchverfahren konzentrierten
sich die Stellgrößenbewegungen nach einer vom Startpunkt
abhängigen Laufzeit des Verfahrens auf einen Bereich, der
in der Nähe des Schnittpunktes derjenigen Stellbereichsgrenzen liegt, die durch das maximal zulässige Drehmoment
und die maximal zulässige Spindelleistung gegeben sind.
Dieses Verhalten des Regelkreises ändert sich auch bei
Verschieben der Leistungs- und Drehmomentrestriktionen
nach höheren zulässigen Grenzwerten nicht (Bild 8-11).
Daraus läßt sich schließen, daß unter den vorliegenden
Versuchsbedingungen und der vorliegenden Zielfunktion
- die dem Werkzeugverschleiß bereits großes Gewicht zukommen
läßt- der kostenerhöhende Einfluß des Werkzeugverschleißes
erst dann den kostensenkenden Einfluß der Vorschubgeschwindigkeit übertrifft, wenn die Stellgrößen außerhalb des zulässigen Bereiches gewählt werden.

Schwankungen im Verschleißverhalten und den auftretenden
Kräften führten bei den Fräsversuchen unter ACO zu Stell-
größenschwankungen, die in Vorschub- und Schnittgeschwin-
digkeitsrichtung bis zu $\pm$ 10 % eines angenommenen mittleren
Stellwertes auf der jeweiligen Achse betragen konnten.
Die Auswirkung von Schwankungen in der Frässpindelbela-
stung auf den Suchprozeß sind in Bild 8-9 hervorgehoben,
wo z.B. beim ersten Anlauf des Suchpunktes S die Leistungsgrenze P_{max}= 2,5 kW noch knapp unterschritten war. Im
daraufhin angefahrenen Suchpunkt R trat jedoch infolge
geänderter Eingriffsverhältnisse weder eine Überschreitung
der Leistungsgrenze noch eine Überschreitung der Dreh-
momentgrenze auf, obwohl sich der Vorschub pro Zahn bei
gleichbleibender Schnittgeschwindigkeit erhöht hatte.
Der Übergang zum Punkt Q - der Schritt von S nach R war
im Sinne des Güteindex erfolgreich - hatte allerdings die
Meldung "Drehmomentüberschreitung" zur Folge, die die
Stellgrößen gemäß dem in Abschnitt 7 beschriebenen zwei-
stufigen Prozeß zufällig wieder zum Punkt S führte. Dies-
mal wurde jedoch auf Überschreitung der Leistungsgrenze
erkannt und die Schnittgeschwindigkeit reduziert.

Die für die Testreihen gewählten Reglerparameter (Verweilzeit pro Suchpunkt ca. 30 s, Verstellschrittweiten im
Trial & Error-Verfahren Δs_z = 0,04 mm und Δv = 0,2 m/s) ergaben bei Anwendung der multiplen Korrelation [6.1] einen
starken Zusammenhang zwischen Stellgrößen und gemessener
Verschleißgeschwindigkeit mit Korrelationskoeffizienten
der Größe r $\geqslant$ 0,8. Somit ist bei dieser Reglereinstellung
eine hohe statistische Sicherheit für das richtige Ansprechen des Reglers auf Änderungen des Verschleißverhaltens gewährleistet. Allerdings lassen die aus den
Verstellschrittweiten resultierenden Schwankungsbreiten
für s_z und v, die Wirksamkeit des Reglers erst dann richtig zur Geltung kommen, wenn eine Störung eine ausreichend
große anhaltende Verlagerung des optimalen Arbeitspunktes
mit sich bringt. Die vom Regler benötigte Ausregelzeit und
die Verschleißzunahme während des Ausregelns der Störung
dürften in diesen Fällen ähnliche Werte aufweisen, wie in
den Bearbeitungsbeispielen (Bild 8-7 bis 8-9), wo der
Startort der Suchvorgänge von der Stabilisierungszone der
Stellgrößen, im Verhältnis zu der verbleibenden Schwankungsbreite weit entfernt ist. Die angegebenen Laufzeiten der
Suchvorgänge im Bereich von 10 min und der damit verbundene
Verschleißzuwachs zwischen 10 und 20 μm, erfüllen die in
Abschnitt 4 genannten Anforderungen an das ACO-System, die
eine im Verhältnis zu den üblichen Standzeiten kurze Laufzeit und im Verhältnis zu dem zulässigen Werkzeugverschleiß
geringe Verschleißzunahme verlangten. Dennoch können in
dieser Zeit vom Werkzeug so große Wege zurückgelegt werden, daß sich bereits während der Suchvorgänge die (orts-
veränderlichen) Zerspanungsverhältnisse anders darstellen, als dies am Anfang der Suche der Fall war. Für einen
sinnvollen Einsatz des Systems ist daher eine bestimmte
Mindestgröße von Bearbeitungsabschnitten mit homogenen
Zerspanungseigenschaften notwendig, damit die Reaktionszeit
des Reglers ausreicht, die Stellgrößen noch innerhalb dieser Abschnitte an die veränderten Verhältnisse anzupassen.
Andernfalls läuft der Regler dem optimalen Arbeitspunkt
ständig hinterher, ohne ihn jemals zu erreichen.

Günstige Gegebenheiten für die Effektivität des Systems
liegen vor, wenn sich die Zerspanungsverhältnisse von Zeit
zu Zeit zwar gravierend ändern, aber anschließend über
mehrere Bearbeitungsperioden von der angegebenen Laufzeit
mit stabilen Zerspanungsverhältnissen gerechnet werden
darf. ACO-Einsatzfälle dieser Art treten in der Praxis
auf, wenn man im Zuge der Fertigung auf eine andere Charge
des Werkstückstoffs übergeht oder aber beim Beginn der Bearbeitung eines Werkstückloses infolge wenig bekannter
Zerspanungseigenschaften des Werkstoffs Startwerte und
optimale Werte der Stellgrößen weit voneinander entfernt
sind.

Neben der hier behandelten Optimierungsaufgabe mit dem Ziel
kleinstmögliche Bearbeitungskosten bzw. Bearbeitungszeit
bei gegebenen Zerspanungsbedingungen zu erreichen, könnte
mit den vorhandenen Meßmöglichkeiten versucht werden, die
Aufgabe "Regelung auf vorgegebenen Standweg des Werkzeugs"
zu lösen. Dieser Aspekt für eine Weiterentwicklung des
Systems würde einen Ansatz darstellen, den Werkzeugwechsel
in den Ablauf des Fertigungsprozesses so einzuplanen, daß
er z.B. nach der vollständigen Bearbeitung eines Werkstücks
durchgeführt werden kann und zwar - wegen der Regelungs-
und Überwachungsmöglichkeiten - ohne die Befürchtung, durch
störungsbedingte Streuungen ein noch intaktes Werkzeug
lediglich prophylaktisch ausgetauscht zu haben.

9. ZUSAMMENFASSUNG

Seit der ersten Vorstellung eines ACO-Systems im Jahre 1964
durch die Fa. Bendix Corporation [2.1] wurde nur noch ein
ACO-Pilotsystem für die Fräsbearbeitung bekannt [2.14].

Die vorliegende Arbeit stellt den Versuch dar, mit neueren
Erkenntnissen aus Grundlagenuntersuchungen des Verfahrens
Fräsen, mit verbesserter Sensortechnik und mit neuen Vor-
schlägen zur Optimierstrategie, ein ACO-System aufzubauen,
das der Prozeßkenngröße Werkzeugverschleiß besondere Bedeutung beimißt. Ziel des Regelsystems ist die kosten- oder
wahlweise zeitoptimale Schruppbearbeitung beim Messerkopffräsen mit Hartmetall. Stellgrößen sind die Schnittgeschwindigkeit und der Vorschub pro Zahn, wobei der Vorschub pro
Zahn nicht nur als leistungsbestimmende, sondern auch als
verschleißbestimmende Größe berücksichtigt wird. Die Optimierstrategie und die Meßwerterfassung wurden so ausgelegt,
daß eine möglichst schnelle Anpassung der Stellgrößen an
veränderte Zerspanungsverhältnisse erreicht werden kann.

Für die Überwachung der zulässigen Bearbeitungsbedingungen
und die Messung des Werkzeugverschleißes beim Fräsen wurden
Sensoren entwickelt, die ohne große Veränderungen an Werkzeug und Maschine installiert werden können.
Ein Momenten- und ein Temperatursensor erlauben die Beobachtung der als wesentlich erachteten Grenzgrößen "maximal zulässiges Spindeldrehmoment", "maximal zulässige Spindelleistung" und "maximal zulässige Temperatur der Schneidenecke".
Der entwickelte Verschleißsensor arbeitet nach dem Prinzip
der Abstandsmessung zwischen Messerkopfgrundkörper und gefräster Oberfläche und erfaßt auf kapazitivem Wege den für
das Messerkopffräsen relevanten Freiflächenverschleiß der
Nebenschneide.

Um weder den Wirkraum der Maschine noch die erlaubten Frä-
serbahnen einzuschränken und gleichzeitig kontinuierlich am

laufenden Bearbeitungsprozeß messen zu können, wurden alle
Meßfühler im Werkzeug untergebracht.

Das Problem der Übertragung der Meßsignale von der rotierenden Spindel auf ortsfeste Maschinenteile konnte im Sinne der
Zuverlässigkeit und der Störunempfindlichkeit über lange Zeit
mit einer berührungslos arbeitenden Einrichtung gelöst werden. Die hierfür entwickelte Elektronik wandelt die Meßsignale auf der Spindel in pulscode-modulierte Signale um und
transferiert diese im Zeitmultiplexverfahren über einen optischen Kanal zum feststehenden Empfänger. Das vorhandene
System erlaubt die freie softwaremäßige Programmierung von
Abtastzeit, Kanalzahl und Kanalfolge und ermöglicht die
Übertragung von acht Meßsignalen mit Bandbreiten von je
1,2 kHz und einer Genauigkeit von 0,05 %.
Fräsversuche an Ck45N und GG26Cr haben ergeben, daß die Sensoren bei üblichen Schnittbedingungen für die Stahl- und
Gußbearbeitung einsetzbar sind. Durch geeignete konstruktive
Maßnahmen, durch Temperaturkompensation und die Art der Meßwertverarbeitung konnte für den Verschleißsensor eine Auflösung von $\leq \pm$ 2 µm bei der Messung des Schneidkantenversatzes erreicht werden. Es hat sich gezeigt, daß die Verschleißgeschwindigkeit als wichtigste Prozeßkenngröße sehr
empfindlich und mit geringer zeitlicher Verzögerung auch
auf gemessen an der Standzeit kurzfristige Änderungen der
Schnittwerte reagiert und daß die Prozeßantwort auf die Änderung der Stellgrößen mit dem Verschleißsensor gut zu verfolgen ist. Gleichfalls konnten der Verlauf des auftretenden
Schnittmomentes und der Temperaturverlauf an der Rückseite
der im Eingriff befindlichen Schneidenecke über der Schnittzeit untersucht werden. Während der Messungen wurde festgestellt, daß bei gleichen Schnittwerten, Eingriffsbedingungen
und Werkstoffen gleicher Bezeichnung durch nicht unmittelbar erkennbare Störeinwirkungen erhebliche Streuungen im
Verhalten des Prozesses (insbesondere im Verhalten des Werkzeugverschleißes) auftreten und damit ACO-Regler beim Messerkopffräsen sinnvoll eingesetzt sind.

Mangels eines vorhandenen Verfahrensmodells wurde der ACO-
Regler auf der Basis einer Suchstrategie entworfen, mit
dem Ziel eine Optimierung der Stellgrößen direkt am Prozeß
durchzuführen. Es handelt sich um einen Softwareregler in
Form eines Prozeßrechnerprogramms, der im wesentlichen aus
Algorithmen für die Filterung und Approximation des Verschleißmeßsignals, für die verwendeten Suchverfahren und
für das Einhalten der Stellbereichsgrenzen besteht.

Die erstellten Reglervarianten konnten an einer ausgeführten Versuchsanlage für ACO-Fräsen erprobt werden. Durch die
hohe Auflösung des Verschleißsensors, durch eine anpassungs-
fähige Signalfilterung zur Schätzung der Verschleißgeschwindigkeit und durch die verwendeten Suchverfahren ließen sich
die für das Fräsen wichtigen Anforderungen nach geringem
Zeitbedarf und Verschleißzuwachs während der Ausregelung
von Störungen erfüllen. Die im Versuch erreichten Werte
Δ SKV ~ 10 µm für den Verschleißzuwachs und t ~ 10 min für
die Laufzeit des Suchverfahrens vom Start bis zu einer
ersten Stabilisierung der Stellgrößen, zeigen die schnelle
Anpassungsfähigkeit des Reglers an die vorliegenden Bearbeitungsbedingungen und ermöglichen bei ungünstigen Start-
bedingungen, wie sie im Falle unbekannter Werkstoffeigen-
schaften leicht auftreten können, eine erhebliche Verringerung der Bearbeitungskosten bei erträglichem Verschleißzuwachs bis zum Erreichen der näheren Umgebung des optimalen
Arbeitspunktes.

10. LITERATURVERZEICHNIS

[1.1]   König, W.   Beitrag zur Ermittlung der Ursachen
                          für ein unterschiedliches Kolkstand-
                          zeitverhalten bei der Zerspanung
                          von Werkstoffen gleicher Normbe-
                          zeichnung mit Hartmetalldrehwerk-
                          zeugen
                          Dissertation TH-Aachen 1962

[1.2]   VDI 3426   Adaptive Control (AC) an spanenden
                          Werkzeugmaschinen
                          VDI-Handbuch Betriebstechnik
                          Reg.Nr. 3/4, November 1975

[1.3]   Bamberger, W.   Statische Optimierung technischer
                          Prozesse
                          PDV-Bericht KFK-PDV 15, August 1973
                          Gesellschaft für Kernforschung mbH.
                          Karlsruhe

[2.1]   Centner, R.M.   A Milestone in Adaptive Control
        Idelsohn, J.M.   Control Engineering
                          November 1964 pp. 92-94

[2.2]   Centner, R.M.   Adaptive Controler for a Metal
        Idelsohn, J.M.   Cutting Process
                          JEEE Transactions on Applications
                          and Industry
                          Vol. 83, May 1964
                          No. 72 pp. 154-161

[2.3]   Centner, R.M.   Machinability and Adaptive Control
        Idelsohn, J.M.   Technical Paper No. M 566-717
                          ASTME 1966

[2.4]   Autorenkollektiv   Adaptive Control -
                                 Möglichkeiten zur optimalen
                                 Nutzung von Werkzeugmaschinen
                                 Industrie-Anzeiger 93. Jg.
                                 (1971) Nr. 60, S. 1530-1538

[2.5]   Maier, K.   Anpaß- und Optimierregelein-
                                 richtungen an Werkzeugmaschinen
                                 Steuerungstechnik 2.Jg.(1969)
                                 Nr. 6, S. 220-224

[2.6]   Stute, G.   Adaptive Control bei Werkzeug-
                                 maschinen
                                 Zusammenstellung von Literatur-
                                 angaben
                                 VDW-Forschungsbericht
                                 Nr. 1004, 1972

[2.7]   Takeyama, H.   Optimierende Steuerungen
                                 bei Drehbearbeitungen
                                 Werkstatt u. Betrieb 103. Jg.
                                 (1970) Nr. 9, S. 627-637

[2.8]   Essel, K.   Entwicklung einer Optimier-
                                 regelung für das Drehen
                                 Dissertation TH Aachen 1972

[2.9]   König, W.   Automatisches Führen des
          Otto, F.   Drehprozesses nach Optimal-
          Essel, K.   wertkriterien
                                 Industrie-Anzeiger 98 Jg. (1976)
                                 Nr. 19, S. 303-306

[2.10]   Otto, F.   Entwicklung eines gekoppelten
                                 AC-Systems für die Drehbear-
                                 beitung
                                 Dissertation TH-Aachen 1976

[2.11]   Depierreux, W.R.   Die Ermittlung optimaler
Schnittbedingungen, insbe-
sondere im Hinblick auf die
wirtschaftliche Nutzung numerisch
gesteuerter Werkzeugmaschinen
Dissertation TH-Aachen 1969

[2.12]   Degenhardt, U.   Grundlagen zur Optimierung
der Zerspanungsbedingungen
unter besonderer Berücksichtigung des Werkzeugverschleißes
Dissertation TH-Aachen 1968

[2.13]   Leonards, F.   Prozeßlenkungssysteme für
Müller, W.   die Drehbearbeitung
Otto, F.   PDV-Bericht KFK-PDV 82
Sinning, H.   August 1976
Gesellschaft für Kernforschung
mbH., Karlsruhe

[2.14]   Autorenkollektiv   ACO-Regelungen für
Fräsmaschinen
PDV-Bericht KFK-PDV 83
September 1976
Gesellschaft für Kernforschung
mbH., Karlsruhe

[2.15]   Kochan, D.   Automatische Festwert- und
Jakobs, H.J.   stetige Optimierung techno-
logischer Arbeitsgrößen in der
metallverarbeitenden Industrie
Fertigungstechnik u. Betrieb
20. Jg. (1970)
Nr. 10, S. 605-606
Nr. 11, S. 682-688
Nr. 12, S. 720-721

[2.16] Arlt, M.   Rationelle Gestaltung der
         Fink, H.   Strategie zur Ermittlung
         Weiß, D.   optimaler technologischer
                         Arbeitswerte
                         Fertigungstechnik u. Betrieb
                         25. Jg. (1975) Nr. 2, S.82-87

[2.17] Kochan, D.   Ergebnisse und Erfahrungen
         Hübner, W.   der Praxiserprobung des Opti-
                         mierprogrammes Messerkopffräsen
                         Fertigungstechnik u. Betrieb
                         27. Jg. (1977) Nr. 7, S.411-414

[2.18] Kochan, D.   Richtwertblätter für das Fräs-
         Hübner, W.   kopffräsen auf der Basis der
                         Kosten- bzw. Zeitoptimierung
                         Fertigungstechnik u. Betrieb
                         28. Jg. (1978) Nr. 5, S.268-270

[5.1]   Arlt, M.   Bestimmung optimaler techno-
         Fink, H.   logischer Arbeitswerte beim
         Weiß, D.   Messerkopffräsen mit EDVA-
                         Programm KOFA-MKFR
                         Fertigungstechnik u. Betrieb
                         23. Jg. (1973) Nr. 1, S.18-21

[5.2]   Kamm. H.   Beitrag zur Optimierung des
                         Messerkopffräsens
                         Dissertation Universität
                         Karlsruhe 1977

[5.3]   Vollmer, H.J.   Schneidentemperatur als ver-
                         schleißbestimmende Größe für
                         eine Verfahrensoptimierung in
                         der Abspantechnik
                         Fertigungstechnik u. Betrieb
                         24 Jg. 1974 Nr. 5, S. 300-305

[5.4]   Schenke, L.   Beitrag zur Auslegung von
                          Adaptive-Control-Einrichtungen
                          für die Fräsbearbeitung
                          Dissertation Universität
                          Stuttgart 1979

[5.5]   Haase, K.
          Schmidt, E.   Verschleißverhalten von
          Teuchert, H.J.   Hartmetall-Werkzeugen im
                          unterbrochenen Schnitt
                          Fertigungstechnik u. Betrieb
                          27. Jg.(1977), Nr. 8, S. 474-478

[5.6]   Lowack, H.   Temperaturen an Hartmetalldreh-
                          werkzeugen bei der Stahlzerspanung
                          Dissertation TH-Aachen 1967

[5.7]   Victor, H.R.   Ermittlung von Zerspankennwerten
          Müller, M.   beim Messerkopffräsen
                          Abschlußbericht zum Forschungs-
                          vorhaben AIF 3779, 1979
                          vom Institut für Werkzeugmaschinen
                          und Betriebstechnik Universität
                          Karlsruhe

[5.8]   Icks, G.   Untersuchungen beim Fräsen von
          Philip, P.K.   gehärtetem Stahl
                          TZ für praktische Metallbearbeitung
                          70. Jg. (1976) Nr. 12, S. 383-386

[5.9]   Icks, G.   Fräsen von gehärtetem Stahl mit
          Philip, P.K.   beschichteten Hartmetallwerkzeugen
                          TZ für praktische Metallbearbeitung
                          71.Jg.(1977), Nr. 5, S. 179-186

[5.10]   Stöferle, Th.   Beitrag zur Lagemessung aller
          Hartmann, V.   Schneidkanten an Fräswerkzeugen
                          Werkstatt u. Betrieb
                          109 Jg.(1976), Nr. 3, S.183-192

[5.11]   Jakobs, H.J.   Rationelles Messen und Dar-
                              stellen des Werkzeugverschleißes
                              für eine Verfahrensoptimierung
                              in der Abspantechnik
                              Fertigungstechnik u. Betrieb
                              24. Jg.(1974)
                              Nr. 5, S. 294-299

[5.12]   Krause, W.   Messung des Freiflächenver-
                              schleißes beim Umfangsstirnfräsen
                              Fertigungstechnik u. Betrieb
                              26. Jg. (1976) Nr. 10, S.587-591

[5.13]   Bellmann, B.   Meßverfahren zur kontinuierlichen
                              Erfassung des Freiflächenver-
                              schleißes beim Drehen
                              Dissertation TH-Darmstadt 1978

[5.14]   Leonards, F.   Ein Beitrag zur meßtechnischen
                              Erfassung von Prozeßkenngrößen
                              bei der Drehbearbeitung
                              Dissertation Universität Berlin 1978

[5.15]   Böhmer, E.   Der Plattenkondensator als
                              linearer Weggeber
                              Meßtechnik 1973, Nr. 5, S.156-159

[5.16]   Nye, A.E.T.   Some Recent Capacitance
                              Transducers for use at
                              High Temperature
                              Automation January 1975
                              No. 10, pp. 19-23

[5.17]   Hölzler   Pulstechnik, Band 2
         Holzwart, H.   Anwendungen und Systeme
                              Springer-Verlag
                              Berlin, Heidelberg, New York 1976

[5.18]   N.N.   Planung und Einsatz moderner
                          PCM-Telemetrieanlagen
                          Firmenschrift der Fa. Raumfahrt-
                          elektronik GmbH. & Co., München

[6.1]   Sachs, L.   Statistische Auswertungsmethoden
                          Springer-Verlag
                          Berlin, Heidelberg, New York1972

[6.2]   Trigg, D.W.   Monitoring a Forecasting System
                          Operat.Res. Quart.
                          Vol. 18, No. 1, pp. 53-59

[6.3]   Trigg, D.W.   Exponential Smoothing with an
          Leach, A.G.   adaptive Response Rate
                          Operat.Res. Quart.
                          Vol. 18, Nr. 1, pp. 53-59

[6.4]   Shahata, M.   Trendmodell zur standardisierten
                          Nachbildung, Analyse und Führung
                          realer Systeme unter Verwendung
                          von Prozeßrechnern
                          Dissertation TH-Darmstadt 1973

[6.5]   Schaffrath, G.   Adaptive Prozeßführung mittels
          Shahata, M.   Trendmodell
                          PDV-Bericht KFK-PDV 48 August 1975
                          Gesellschaft für Kernforschung mbH.
                          Karlsruhe

[6.6]   Victor, H.R.   Zerspankennwerte
                          Industrie-Anzeiger 98 Jg. (1976)
                          Nr. 102, S. 1825-1830

[7.1]   Bendel, U.   Methoden der statischen Opti-
          u.a.   mierung industrieller Prozesse
                          msr 14. Jg. (1971) Nr. 3, S. 90-96

- 138 -

[7.2] Wilde, D.J.   Optimum Seeking Methods
                           Prentice Hall, INC.
                           Englewood Cliffs, N.J. 1965

[7.3] Feldbaum,A.A.   Rechengeräte in automatischen
                           Systemen
                           Oldenburg-Verlag, München 1962

[7.4] Brown, R.G.   Smoothing forecasting and
                           prediction of discrete time
                           series
                           Prentice-Hall
                           Englewood Cliffs 1962

[7.5] Brown, R.G.   Statistical Forecasting for
                           Inventory Control
                           Mc. Graw-Hill Book Company, INC.
                           New York 1959

[7.6] Klein, W.   Prognosen nach dem Prinzip der
                           exponentiellen Ausgleichung für
                           nichtsaisonale Zeitreihen der
                           Absatzwirtschaft bei konstantem
                           und linearem Trend
                           Dissertation Universität Münster 1970

[7.7] Müller-   Operations Research
       Merbach, H.   Verlag Franz Vahlen GmbH.
                           München 1973

[7.8] Rosenbrock,H.H.   An automatic method for finding
                           the greatest or least value of a
                           function
                           Computer J.3 (1960), pp.175-184

[7.9] Hooke, R.   Direkt search solution of numerical
       Jeeves, I.A.   and statistical problems
                           Journ. of the Assoc. for Comp.Math.
                           Vol.8 (1958), pp. 244-251

[7.10]   Porter, B.   The performance of self-
         Summers, R.   optimizing strategies in
                              the adaptive control of
                              the metal-cutting process
                              Int. J. Mach. Tool Des. Res.
                              Vol. 8 (1968), pp. 217-237

[7.11]   Mlynski, D.   Ein Beitrag zur statisti-
                              schen Theorie der Opti-
                              mierungsstrategien, Teil I
                              u. II
                              Regelungstechnik 14. Jg.(1966)
                              Nr. 5, S. 209-256
                              Nr. 7, S. 325-330

wbk Forschungsberichte

aus dem Institut für Werkzeugmaschinen und Betriebstechnik der Universität Karlsruhe

Herausgeber: Prof. Dr.-Ing. H. Victor